LA MODELADA SOCIEDAD DE LA INFORMACION

Aproximaciones y expectativas

Dr. Obed Nuñez

DEDICATORIA

A todos aquellos que creen que un mundo mejor es posible...

A todos aquellos que evocan y construyen Sociedad para la vida...

A todos aquellos que con la vida hacen la vida más vivible a los otros... y luchan para que así sea...

A todos aquellos que aportan al menos un granito de mostaza al florecimiento humano...

A todos aquellos que construyen y contribuyen sin mezquindad, sin apego y con valentía lo entregan...

AGRADECIMIENTOS

A todos los autores señalados y/o referenciados en esta obra que nos permiten sustentar, argumentar, textualizar y parafrasear estos pasajes y a los lectores que se permiten acceder a este escrito...

a Oudry

INDICE GENERAL

DEDICATORIA	II
AGRADECIMIENTO	III
INTRODUCCION	1
PARTE I	16
LA SOCIEDAD COMO SISTEMA	16
1. LA SOCIEDAD VISTA DESDE LUHMANN	18
Rasgos fundamentales de la teoría de Luhmann sobre la Sociedad……............	18
Una síntesis interpretativa de la sociedad contemporánea desde Luhmann……..........	28
PARTE II	36
PERSPECTIVAS SOBRE LA SOCIEDAD DE LA INFORMACION	36
2. ENFOQUES PROPULSORES DE LA SOCIEDAD DE LA INFORMACIÓN	38

Sociedad de la información como sociedad postindustrial... 38
La era de la información como sociedad informacional.. 50
Cibersociedad como nuevo mundo digital... 65
Colofón... 76

3. MIRADAS CRÍTICAS SOBRE LA SOCIEDAD DE LA INFORMACIÓN — 78

Enfoque de la continuidad...................... 78
Enfoque geopolítico............................... 101
Colofón... 108

4. CARACTERIZACION DE LA SOCIEDAD DE LA INFORMACION — 110

Aproximaciones conceptuales sobre la sociedad de la información.................. 110
Algunos modelos sobre la sociedad de la información.. 119
El modelo finlandés de la sociedad de la información... 142

Un meta modelo sistémico sobre la sociedad de la información......................... 151

PARTE III 157
LA SOCIEDAD DE LA INFORMACION EN EL MUNDO CONTEMPORANEO 157
5. INDICADORES SOBRE LA EVOLUCION DE LA SOCIEDAD DE LA INFORMACION A NIVEL MUNDIAL 160

Índices generales sobre la sociedad de la información….. 160
La brecha digital.................................... 163
Índice de acceso digital (IAD)................... 165
Índice de oportunidad digital (IOD)............ 168
Índice de desarrollo de las TIC (IDI)........... 171
Rankings de la economía digital (DER)...... 176
Índice de la network readiness (INR)......... 178
Índice de competencia global (ICG).......... 181
Ranking mundial de competitividad digital (WCDR)... 186

Índice de la sociedad de la información (ISI)... 189

Colofón……..………………………………. 195

6. ALGUNAS ACCIONES ESTRATEGICAS DE CARÁCTER INTERNACIONAL SOBRE LA SOCIEDAD DE LA INFORMACION MUNDIAL 199

Iniciativa norteamericana……………….. 199

Iniciativas de la Unión Europea (UE)………. 205

Iniciativa de las Naciones Unidas………..... 211

Iniciativas latinoamericanas..………………… 237

Iniciativa del grupo G7/G8…………………. 246

Iniciativa de la Telefónica de España para situar a la SI, en ciertos países Latinoamericanos.. 251

Colofón…………..………………………. 257

DESIDERATUM 262

REFERENCIAS TRATADAS 272

INTRODUCCION

Nos conseguimos en los últimos cincuenta años: treinta del siglo anterior y los veinte por terminar de este siglo XXI, sumergidos en todo un proceso dinámico de causa y efectos; de acción y reacción social y tecnológica, entre dimensiones insospechadas de la sociedad mundial que tal como el Rey Midas, todo lo que toca lo convierte en revolución y transformación planetaria, para bien o para mal.

Lo último y más novedoso es la pandemia mundial conocida como COVID 19, en lo que se puede llamar el antes y lo que será el después de la pandemia globalizada 2020. Que si bien no es el tema que nos anima, pero es parte de esta sociedad de la información mundial que tiene sus raíces históricas encontradas y a su vez, propensa a lo que depara el futuro próximo; incierto y cuestionador de todo lo que han sido los valores y creencias culturales, societales y científicas que ha marcado a la sociedad humana en general y particular. No habemos en franca dialéctica entre la era de la información y el conocimiento, marcada por los desafíos que surgen y marca, la inteligencia y la tecnología al servicio del hombre que tal como declarara Shumpeter será "la destrucción creativa" o "la creación destructiva" de Castells. Y así comienza esta historia.

El escenario que nos aviva, se nutre del desafío que prevalece en el mundo a fines del siglo veinte y que confluye en la sociedad contemporánea de fines de la segunda década del siglo veintiuno, provisto de generalidades-particularidades que levantan el vuelo sobre la idea de la sociedad de la información mundial-local. Ciertamente, para nadie es un secreto que en la transición entre estos dos siglos, se han gestado cambios importantes, cada vez más visibles a la luz de la humanidad, que hacen presumir que la sociedad mundial se encuentra en un momento de importante cambio estructural. Cambios que tocan a la sociedad, de manera directa e indirectamente, generando un profundo impacto en todos los sectores de la actividad humana.

Eventos que están rigurosamente influenciados por las tendencias mundiales de tres procesos dinámicos y de considerable transcendencia: el desarrollo científico y tecnológico, la Globalización, la *Informatización* de la sociedad, apoyada en las nuevas tecnologías de la información y comunicación, generando impactos en el ámbito político, económico, social, cultural, ambiental, en tanto que es tecnológico. Situaciones que obligan a comprender e interpretar al mundo, a la sociedad, a la humanidad desde una nueva perspectiva, desde una óptica más interdisciplinaria, más sistémica, más universal, más mundial-local, para que en su orientación, de luces con relación, hacia donde se dirige la humanidad.

El vertiginoso desarrollo de las tecnologías de información y comunicación, y su convergencia, así como el manejo de la información, y sus ilimitadas posibilidades de aplicación, están transformando las sociedades modernas en *Sociedades de la Información*. El proceso de *informatización*, se ha constituido a su vez, en la base tecnológica del fenómeno de la Globalización, puesto que facilita la gestión de información, desde cualquier lugar y en cualquier momento, sin importar las distancias y la dispersión geográfica, así como la interacción de grupos sociales de todo el mundo a un mismo tiempo.

Aun cuando el fenómeno de la Globalización se ha hecho más visible en el sistema económico, lo cierto es que tiene un impacto mucho más trascendente, en la medida en que está posibilitando el surgimiento de una verdadera Sociedad Global con el desarrollo de nuevos valores, actitudes y de nuevas instituciones sociales, entre otros (Ianni, 1996).

Se puede señalar que nos encontramos inmersos en la aldea global –tal cual la predijo McLuhan– donde todo se intercambia. Donde, la llamada Infraestructura Global de Información, de la cual Internet forma parte, actúa como instrumento facilitador al crear un entorno de interacción electrónica en el ciberespacio. Realidad que está transformando desde el comercio, hasta la educación y las formas de organización de la comunidad científica, incluyendo la investigación y los procesos de difusión y aplicación del conocimiento. Así, se revela la *revolución informática,* afectando decisivamente todos los aspectos de la vida cotidiana, y generando una sociedad cada vez más digitalizada, y por ende, la proliferación de aplicaciones que han surgido en el ámbito de la gestión de información social, dando lugar a la informatización de la sociedad.

En este marco de ideas, Peter Knight (1996), destacaba que la revolución de la información ofrece un potencial tremendo para ponerse al día a países que puedan montarse en la cresta de esta ola tecnológica, a la que él llama, una de las grandes olas del siglo XX. Aunque teme que, quienes no puedan montarse en la ola se verán amenazados con quedar más rezagados; y si están atrasados ahora, quedarán más marginados y fuera de la corriente. Por esta razón, considera que la movilización de los recursos y la perspectiva necesaria para "montarse en la ola", requiere liderazgo con visión, requiere ayuda internacional, lo que para él, no es algo fácil de conseguir. También estima, que no hay países que realmente hayan entrado en la revolución de la información. Sólo porciones de países donde hay ciertas políticas y programas que son ejemplo de lo que se puede hacer. Por cuanto afirma que este es un sistema de aprendizaje; un problema de organización, de política, de reglamentaciones; tanto tecnológico como inclusive: un problema financiero del país (Stilkind, accesado en 2002).

Ya en las recomendaciones al Consejo Europeo que Bangemann (1994) emitió, proponía que los Países en desarrollo (PED) participen en la definición del marco mundial de la sociedad de la información, no solamente en tanto que consumidores, sino también, como protagonistas, de manera de evitar agudizar aún más el desfase que separa a los países industrializados de aquellos que se encuentran en vías de desarrollo, aparte que considera que es imprescindible que *desarrollen modelos internos para su utilización* (Bangemann, accesado 2000).

Precisa Ayala (2000) que

> Está comprobado que los primeros países que entren en la sociedad de la información son los que conseguirán las mayores recompensas y los que establecerán las pautas que los demás deberán seguir. Por el contrario,

los países que tratan de ganar tiempo o utilizan soluciones poco convincentes podrían, a corto plazo, enfrentarse a grandes pérdidas en las inversiones y recortes de empleos. (Ayala, accesado en 2002)

Por su parte, Steyart y Gould (1997) argüían que la interpretación dominante indica que tenemos o estamos por entrar a la sociedad de la información. Y lo avalan en el hecho de que estas interpretaciones están respaldadas ciertamente por políticas de desarrollo, de organizaciones internacionales como el Grupo de los Siete (G7) o la Unión Europea, como también de muchos países que realizan una considerable actividad política en un mar de dominios sociales bajo la categoría de sociedad de la información (Steyart y Gould, accesado 1998).

En ese mismo sentido, Terceiro y Matías (2001), manifiestan que los modelos económicos y sociales formulados por los países más avanzados, que tienen como soporte principal las infraestructuras y redes de telecomunicaciones e informática avanzadas, han llevado a plantear nuevas visiones del futuro de las naciones, debido a que éstas nuevas tecnologías de información y comunicación (TIC) ofrecen soluciones a diversas áreas de la economía y de la sociedad, así como también, generan nuevos escenarios de convivencia humana en todas sus instancias.

Por tales razones, este tipo de sociedad a la que se juzga simbólicamente y de nueva configuración social, es fundamental para entender, caracterizar y estructurar las sociedades actuales, así como las principales tendencias de la discusión contemporánea. De allí pues, se deriva el hecho de que ningún país pueda escapar de esa realidad societal mundial.

Es por esta razón que con este ejercicio investigativo, se pretende dilucidar algunos de los problemas claves relacionados con esta temática global que considera a la sociedad de la información, como un nuevo tipo de organización social en franco ascenso. De modo que la presente investigación persigue tomar como un todo sistémico, las dimensiones en las cuales se hace presente, este nuevo modelo de organización.

La postura investigativa en la que se sostiene esta indagación, se asume desde la perspectiva de sistemas en general y desde la visión de Luhmann en particular, sobre la sociedad. De allí que éste autor señala que los problemas únicamente son problemas cuando no pueden aislarse, trabajarse o solucionarse parcialmente. Lo cual constituye precisamente, su problemática, dado que existen solamente en tanto que sistemas de problemas, es decir, como problemas del sistema (Luhmann, 1990). Bajo esa impronta, la ambiciosa y emblemática teoría de Luhmann, provista de novedad y perplejidad, es propicia para interpretar a la sociedad de la información como sociedad contemporánea, en su compleja realidad sistémica, desde el estructuralismo-funcional de sistemas, de manera reflexiva, referente, recursiva y recurrentemente. De lo que se trata es de descubrir y comprender lo existente como contingente y lo distinto como comparable. Al tanto de poder aproximarnos al modelo que surge apropiadamente, en ese sentido.

A tal evento, Morín (1998) argumenta que "toda realidad conocida, desde el átomo hasta la galaxia, pasando por la molécula, la célula, el organismo y la sociedad, puede ser concebida como sistema". Además, la virtud sistémica ha puesto en el centro de la teoría, una unidad compleja, un todo. Y se ha situado en un nivel transdisciplinario que permite concebir tanto la unidad como la diferenciación de las ciencias e incluso, según los tipos y las complejidades de los fenómenos de asociación/organización (Ídem, pp. 41-42). Puede asirse entonces, que la sociedad es a la vez, un sistema social y una complejidad. La sociedad en sí misma, es multidimensional, y puede ser comprendida desde el pensamiento complejo. Por esto, se aspira al conocimiento multidimensional de la sociedad de la información como fenómeno mundial-local, como forma de organización social compleja, para reunir en sí, orden, desorden y organización (Morín, 1998).

Ianni considera que "la teoría sistémica del mundo implica tanto las nociones de occidentalismo y capitalismo como modernización y evolución, comprendiendo integración y diferenciación, en lo que se refiere a formas de vida y trabajo u organización y dinámica de sistemas y subsistemas, en el ámbito local, nacional, regional y mundial" (Ianni, 1996, p. 55).

Desde la óptica de Martínez, "la opción sistémica general, es una opción epistémica más clara, en el sentido de que todas las ciencias humanas pretenden describir ´totalidades organizadas´ que, como estructuras sistémicas contiene y llevan en sí mismo el principio de su inteligibilidad" (1997, p. 143). Así, en los fenómenos de naturaleza heterogénea como en el caso del desarrollo de la sociedad de la información, "entra en acción lo cualitativo, lo sistémico, y en general, la naturaleza de las realidades altamente complejas (Martínez, 1999, p. 192). No en vano, Checkland hace referencia a que

> Esto enfatiza el estatus de las ideas de sistemas como un lenguaje por medio del cual se puede describir a la realidad. Estos son los albores en el movimiento de sistemas, y en el estadio alcanzado en el movimiento todavía sigue verificando la proposición acerca de que los

conceptos de sistemas pueden ser la base de una epistemología fructífera (1997, p. 121).

De aquí que Murdick y Munson consideran al *enfoque de sistemas* como una combinación de filosofía y de metodología general, que se caracteriza por ser: interdisciplinario, cualitativo y cuantitativo a la vez, organizado, creativo, teórico, empírico y pragmático (1988, p. 48-50). Además, Joyanes expresa que "La sociedad informatizada ha creado para la investigación y el desarrollo, no solo su impulso, sino también su metodología (la teoría de sistemas) y su instrumental (las nuevas tecnologías de información)." (1997, p.20).

Desde esa tradición, la teoría general de sistemas facilita la construcción de modelos para representar sistemas. Sugiriendo una serie de modelos que permiten entender y representar al mundo real. Así, es posible comprender la comunicación, el control y el flujo de información de los sistemas complejos, al facilitar el entendimiento de las situaciones complejas.

Bajo esa concepción, sé piensa que los modelos que se puedan presentar y configurar a partir de la realidad, en esta indagación; están influenciados por los constantes cambios tanto nacionales como globales que obligan a estar en continuo proceso de autorregulación y control, con relación a la dinámica que experimenta el mundo, debido al proceso de gestación de la sociedad de la información o informatizada.

Así, el propósito básico de la investigación, converge de los siguientes momentos a señalar:

- o En el primer momento, se hace un acercamiento a la sociedad de la información (SI) desde la aproximación de la teoría formal y de la teoría sustantiva, con el fin de focalizar la acción indagatoria. Esto es, revisión teórica sobre la sociedad de la información, a través de los discursos formales acaecidos en los libros más relevantes, así como en lo referido, en las páginas Web más sobresalientes de Internet, para conformar una elaboración teórica sobre el tema y la sociedad contemporánea, en tanto a las diferentes posturas que existen al respecto, como las controversias que se suscitan, y los modelos que se configuran con relación a la SI. A fin de alcanzar el primer objetivo básico que consiste en caracterizar a la sociedad de la información a inicios del siglo XXI. El análisis documental comparativo de síntesis criticó-reflexivo, permite realizar tal propósito.

- Para el segundo momento, se realiza una exploración extensiva en Internet: búsqueda de datos e información sobre indicadores relativos a medidas sobre la sociedad de la información a nivel mundial, así como todo lo concerniente a iniciativas, políticas, y casos particulares que muestren un panorama sobre este tipo de modelo de sociedad, tanto en lo internacional como en lo nacional, a fin de hacer patente, la situación mundial-local de esta nueva organización social. Es así que el segundo objetivo básico, radica en identificar y examinar la realidad del desarrollo de la sociedad de la información mundial, a fines de la segunda década del siglo XXI. Para ello, el análisis documental comparativo de tipo cualitativo–cuantitativo es fundamental en la síntesis critica-reflexiva sobre tal acontecer.

Siendo Internet, la columna vertebral de la sociedad de la información global, y en tanto es la superautopista de información por excelencia, a tal extremo que lo no registrado en este medio, se presume que no existe; permite que el navegar por esta vía, supone un vasto mar de información disponible que obliga a realizar una apropiada síntesis para precisar lo más pertinente y relevante. Es precisamente las TIC´s, quienes permiten realizar tan laboriosa acción, recurrentemente. Aparte de que los datos empíricos relevantes, se estiman dentro de intervalo comprendido entre fines de siglo XX y la segunda década de este siglo, relativa y discrecionalmente, importantes.

Darle Carnegie decía que la repetición es uno de los fundamentos de la claridad. Por ello, en esta obra, es difícil no vincularse e interactuar con las mismas concreciones en diferentes contextos, de modo reiterativo, recurrente y sistémicamente. Además, este estudio, puede ser visto desde lo general a lo particular, con independencia de partes y capítulos, sin perder su sentido y compostura, y a la vez, engranado como un todo, para alcanzar su propósito, tal como fue revestido, en tres grandes partes que ventilan los objetivos básicos de la investigación. Cabe destacar que en la mayoría de los capítulos, se resaltan consideraciones relativas a resumir, sintetizar, y transversalizar y/o concretar rasgos sustanciales en forma de colofón.

La primera parte, persigue describir a la sociedad como sistemas, a partir de la visión de Luhmann sobre la sociedad y en síntesis, sobre una imagen comparativa de la sociedad contemporánea con la sociedad de la información en general, tal como se deja ver en el capítulo I.

La segunda parte, comprende las perspectivas sobre la sociedad de la información que se han publicado y divulgado entre la transición de siglos recientes, y escogidas por su relevancia y significación, a fin de deliberar entre los enfoques de los propulsores de la sociedad de la información, tal como se ventila en el capítulo II, y las miradas críticas que sobre éste modelo de sociedad, se presentan en contrario, en el capítulo III. Para luego, generar una aproximación a lo que se ha dado en llamar en el capítulo IV, la caracterización de la sociedad de la información, desde los diferentes conceptos que se han emitido al respecto; los modelos que se han propuesto, y el modelo finlandés, como caso real-particular que asocia a la sociedad de la información y el bienestar social, en ese país. Para al final de esta parte, presentar un modelo de interpretación propio que asume características de meta-modelo, y funge de guía en la auscultación de la sociedad de información en general-particular.

La tercera parte, busca de manera empírica-cuantitativa, dilucidar la realidad de la sociedad de la información en el mundo contemporáneo a inicios del siglo XXI. Es así que el capítulo V, recoge los indicadores más relevantes que sobre la sociedad de la información se han establecido para medir tal desarrollo, de manera comparativa, presentando las diferentes valoraciones más recientes a las que se puede acceder por vía Internet. El capítulo VI, refleja algunas de las acciones más sobresalientes que apuntan a estrategias de carácter internacional sobre la sociedad de la información mundial. De modo de revisar las diferentes iniciativas suscitadas con ese fin. Todo ello, permite argüir consideraciones sobre esta realidad mundial.

Ya al final, se vislumbra la realidad de la sociedad de la información mundial, en forma de desiderátum. Y en tanto utópica como real, se dejan ver las costuras que tejen tal modelo de sociedad. Y las dudas sobre la sociedad del futuro. De último, están las más extensas y resaltantes referencias bibliográficas, a las que se accedió y consultó.

PARTE I

LA SOCIEDAD COMO SISTEMA

Niklas Luhmann (1927-1998), alemán, considerado uno de los sociólogos contemporáneos más polémicos, presentó una teoría que describe a la sociedad de nuestro tiempo, desde una posición teórica muy ambiciosa, que se aleja de las teorías clásicas sobre esta temática aún en franco escrutinio, a comienzos de siglo XXI.

Es fundamentalmente, la teoría de sistemas autorreferentes y autopoiéticos en la que se soporta Luhmann para estructurar su teoría de la sociedad, sin que ello signifique, que tengan menor rigor en sus postulados; la teoría de sistemas, la teoría de la comunicación, la teoría funcionalista, la teoría de evolución, la teoría cibernética de segundo orden, etc., de las cuales se vale, para darle sentido a su obra, dentro de un marco que las reúne a todas: la teoría *estructural funcionalista* de sistemas, que abriga una dinámica perspectiva teórica que le permite abordar el problema de la complejidad y de la selección en la sociedad, con una adecuada distinción. De allí surge la motivación que alumbra a Luhmann, para intentar resolver un conjunto de problemas planteados por la complejidad social.

Es por esta razón prevaleciente, por la que me inclino para interpretar a la sociedad contemporánea en general, y la sociedad de la información en lo particular, y no otra. Tal como se precisa en el capítulo I, y en tanto, lo procedente en los próximos. De tal modo que en seguida, se precisan los rasgos fundamentales en los que se sostiene la teoría sobre la sociedad planteada por éste autor, y a partir de aquí, como se puede describir a la sociedad contemporánea.

1

LA SOCIEDAD VISTA DESDE LUHMANN

Rasgos fundamentales de la teoría de Luhmann sobre la sociedad

Para Luhmann, la autorreferencia es la *unidad para sí* de un elemento, de un sistema, de un proceso. Entendida tal unidad como reflexiva, referente y recursiva, captando todo, para ponerse en relación de consigo misma. Como diría Izuzquiza, "El sujeto de la autorreferencia es el sujeto de la soledad absoluta, construida con el máximo de relación. Todo lo refiere a si mismo porque es, para sí mismo, lo que es y lo que tiene" (Izuzquiza, 1990, p. 107). Es decir, es lo que significa; que reúne en sí mismo, el movimiento estático de identidad propia y el movimiento dinámico de la referencia a sí mismo. Y que a su vez, lo hace diferente a los otros. Y así, incluye la diferencia con otros sujetos autorreferentes o no.

Es pues aquí, la diferencia, el elemento fundamental que hace posible la unidad de las diferencias. En ello entabla, lo que Luhmann denomina, la *constitución múltiple*, que consiste en que toda autorreferencia es asimétrica, compuesta de unidad y de diferencia, por cuanto supone que algo está constituido, al mismo tiempo, de identidad y diferencia, lo que hace que tal hecho, sólo pueda ser entendido a partir de esta situación paradoja (Ídem, p. 108). De allí que los sistemas autorreferentes, son sistemas altamente paradójicos, en función de una distinción que está incluida en ellos mismos, propiedad que siempre tienen que atribuirse y mantener creativamente (Ídem, pp. 126-127).

Desde esta perspectiva, la autorreferencia, puede interpretarse como la misma evolución, pues ésta se crea a si misma mediante una progresiva diferenciación (Ídem, p. 188). Además, ésta conserva un rasgo de selección, que es para sí misma, su propio horizonte, y como tal, es un acto contingente, que se reduce en el proceso de su autorreferencia. Todo ello se aplica, prontamente a la comunicación; que consiste de un *proceso selectivo*, provisto de tres diferentes selecciones: de un contenido comunicativo o informativo (información), de una notificación o la atribución de motivos para participar del contenido informativo (mensaje) y de la aceptación (o rechazo) del contenido comunicado que se interpreta como la diferencia entre la notificación y la información (compresión) (Ídem, pp. 206-209).

Por su parte, los sistemas autopoiéticos suponen una actualización de la autorreferencia que los constituyen, de tal modo, que tienen la capacidad de crear, no sólo su estructura, sino también, los elementos que integra. A este nivel, los sistemas autopoiéticos son tales en tanto son autorreferentes. Además, se encuentran orientados en su comportamiento por determinadas funciones que le sirven siempre de referencia dinámica. Con la característica fundamental que hacen del sistema su propio productor en una clausura que es, también, condición de su apertura (Ídem, pp. 153-157).

En ese sentido, la *autopoiesis* que es una forma particular de autorreproducción –es decir, producción propia, actividad propia–, imbrica en sí misma, como acción fundamental, la *operación de autorreproducción de un sistema* como acto supremo de autorreferencia, que se manifiesta poderosamente creador. Así, la autopoiesis supone una *clausura circular* del sistema que la posee, y a la vez, el suceso de la repetición, y por ende, la paradoja. De hecho, ésta engendra como función fundamental, el cierre del sistema en tanto exista como tal. Esto es en esencia, el mismo movimiento de autorreproducción del sistema que sólo puede parar o continuar de acuerdo a la decisión que tome el propio sistema de seguir o no la reproducción (Ídem, pp. 111-112).

De este modo, el sistema será el sujeto en los análisis más importantes de Luhmann. De ahí que, las tres operaciones autopoiéticos más notables están en sintonía con los tres esenciales sistemas que éste autor emplea en su teoría, a saber: los sistemas vivos u orgánicos, los sistemas psíquicos o personales y los sistemas sociales. Estos dos últimos, serán de especial interés para los fundamentos de éste científico social.

Para los sistemas vivos u orgánicos, el elemento fundamental es la vida, mientras que para los sistemas psíquicos es la conciencia y para los sistemas sociales es la comunicación. Es de importancia capital entenderlo así, por cuanto Luhmann, hace una significativa distinción entre sistemas vivos y sistemas psíquicos, como sistemas autorreferentes que tienen cada uno su propia clausura y apertura. Y esto es así, en vista de la definición de la sociedad que él presenta.

La sociedad puede ser definida como *un sistema autorreferente y autopoiético de comunicaciones que se establece en la diferencia*. El elemento fundamental de que está hecha la sociedad es de comunicaciones. Por lo tanto, los sistemas sociales que son parte de la sociedad, son comunicaciones funcionalmente diferenciadas. Esto es, la sociedad está estructurada funcionalmente como *sistema* y *entorno*. El sistema de la sociedad es el sistema social de comunicación. En el entorno se encuentran los seres humanos –los sistemas vivos– que no forman parte del sistema, por eso se habla de la sociedad sin hombres (Izuzquiza, 1990). Aunque es evidente que sin seres humanos no hay sociedad –por cuanto es obvio que existe sociedad porque existen hombres y sus acciones– según la visión de Luhmann, estos no son parte del sistema de la sociedad, debido a que se encuentran gravitando en su entorno.

Ambos, sistema y entorno; conservan su independencia, debido a que son sistemas autorreferentes, con su propia creatividad y sus propias producciones. De este modo, Luhmann plantea la diferencia entre sistemas vivos, sistemas psíquicos y sistemas sociales. De allí se presenta un paralelismo entre los sistemas psíquicos y los sistemas sociales, pero no existe un supersistema que los unifique. Los hombres no comunican, sino que, piensan operando con la conciencia, mientras que la comunicación se da sólo entre los sistemas sociales. Los hombres se paralelizan entre los sistemas vivos, que operan con la vida y los sistemas psíquicos que operacionalizan con la conciencia.

Esta diferencia es importante, por cuanto define lo más específico de los sistemas psíquicos y de los sistemas sociales, como operación autopoiética: la conciencia y la comunicación, y como sistemas autorreferentes, ambos cerrados e independientes entre sí. Es válido aclarar, que en una sociedad funcionalmente diferenciada, los individuos, que no comunican, como tal, pertenecen siempre a la interdependencia de varios sistemas, y nunca a uno determinado de ellos, por cuanto están en el entorno. Esto refuerza la autorreferencia y autopoiesis como rasgo de la singularidad. La sociedad y los sistemas psíquicos, como sistemas cerrados, sólo pueden situarse en el plano de su semejanza autopoiética y conectarse mediante una *relación de interpenetración*, que es una especie de acoplamiento estructural, no de inclusión (Ídem, pp. 236-239).

La sociedad como sistema autorreferente crea sus propias condiciones de existencia y sus propias condiciones de cambio, mediante un proceso autocreador, del cual surgen cada uno de los distintos sistemas sociales funcionalmente diferenciados, y donde cada uno, aborda segmentos determinados de complejidad. A su vez, cada sistema social es un sistema autorreferente y autopoiético, conservando sus propiedades de manera reflexiva, recursiva y recurrente. Es así como el progreso de la sociedad equivale a la progresiva diferenciación de la sociedad en distintos sistemas sociales. Y donde cada una de las diferentes funciones sociales –del sistema social– son siempre el resultado de la evolución, de la complejidad, de la reflexividad, la autoorganización y producción de relación de relaciones, en una construcción dinámica.

De trascendencia vital es lo que encierra todo esto: la sociedad es un sistema capaz de observarse a sí mismo y de generar su descripción partiendo de esa misma observación, ya que como se indicó antes, el sujeto de la observación es el sistema. Y a su vez, la observación es un elemento del sistema que es observado (Ídem, p. 117; p. 136). Es conveniente recordar, que la sociedad es el sistema comprensivo de comunicaciones, sometida siempre a evento y selección, temporalmente ordenada, dadas las exigencias y expectativas que se producen en su dinámica creadora, progresiva y evolucionadora, al mantenerse en entornos de progresiva complejidad y siempre, en franco proceso de transformaciones.

Por su parte, la diferenciación de la sociedad y la formación de subsistemas sociales plantea el importante problema de la unidad de la sociedad. Es unidad de diferencias con su entorno y unidad de diferencia de los diferentes sistemas sociales, de manera paradójica. Para ello, la sociedad como sistema autorreferente que es, encuentra en la diferencia su esquema de observación, para observarse a sí misma y generar su propia descripción y sus propias acciones. Es precisamente, en la diferenciación que generan los subsistemas sociales, donde encuentra este esquema de diferencias. Así, podrá observarse a sí misma mediante la diferenciación social.

Se presenta entonces, una sociedad que se observa y que permite observaciones. De este modo es que se describe a la sociedad. En razón de ello, la diferenciación funcional es propia de la misma sociedad, de su capacidad creadora, al generar la posibilidad de su autoobservación, así como también, su posibilidad de comunicación. Se desprende entonces, que la autoobservación es el desempeño de la clausura autopoiética de la misma sociedad (Ídem, pp. 272-273).

En cuanto al entorno, éste sostiene un conjunto de relaciones con el sistema, al igual que el sistema con los elementos que lo componen. Además, resultan esenciales para el mantenimiento del sistema, por cuanto no existe sistema sin entorno. Esto determina la complejidad y a su vez, la gradación que se pueda dar entre sistemas, al analizar las diferentes relaciones que sustentan. De esta manera, se da cabida a una sociedad de relación de relaciones. Entendida así, la sociedad; su entorno resulta ser todo un conjunto de posibilidades al que puede acceder el sistema, para efectuar sobre el mismo, todo un conjunto de selecciones que le sean significativas, provistas de sentido (Ídem, p. 159).

Surge así, la *interpenetración* como ámbito de reducción de la complejidad, en tanto medio para la conexión entre sistemas autopoiéticos como para la creación de nuevos sistemas emergentes que reduzcan complejidad. Es a través de la interpenetración, que los sistemas psíquicos y sociales, establecen relaciones de sentido. Pues, tan sólo así, se acata la autonomía y clausura autopoiética de estos sistemas. Es importante mencionar, que para Luhmann, la interpenetración es una posibilidad de contacto entre sistemas, mediante la cual, el sistema pone a disposición del otro su propia complejidad, en el entendido de que éstos, están o forman parte del entorno. Lo que a su vez, puede acarrear más complejidad.

Y esto es admisible, por cuanto estos sistemas son autorreferentes y autopoiéticos, ya que conservan la clausura de sus operaciones y en ese mismo orden, abrochan su unidad para sostener su propia complejidad y su capacidad de selección. Y esta interpenetración, está sujeta a una situación, sometida por un *esquema binario de conformidad-rechazo,* que de afirmarse, puede generar nuevos sistemas emergentes (Ídem, pp. 151-152).

En ese ámbito de ideas, la complejidad para Luhmann, es la propia realidad social en su fenomenal multidimensionalidad, con amplio dominio de generalidad. Es la unidad de perspectivas múltiples y de diferentes relaciones posibles que lleva la idea implícita de conexiones y selección de conexiones, de manera libre, haciendo nuevas selecciones, dentro de un exceso de posibilidades de relación en una sociedad compleja, que se muestra contingente, llena de un dinamismo y abiertamente diferenciada. De esta forma, en la complejidad está siempre presente la diferencia (Ídem, pp. 61-65). Por ello, Luhmann concibe la sociedad y el orden social como un orden de relaciones y de selecciones. Vista así; la sociedad como sistema complejo, elige y puede reducir complejidad, sólo mediante la comunicación entre y dentro de los diferentes sistemas sociales.

Una síntesis interpretativa de la sociedad contemporánea desde Luhmann

El siglo veinte estuvo signado por los avances de la ciencia y la tecnología, pero también, por grandes conflictos políticos, que arrastraron al mundo hacia dos grandes guerras mundiales. La segunda, con consecuencias devastadoras superior a la anterior. La amenaza latente de una tercera guerra mundial, de proporciones incalculables se cierne como una espada de Damocles en la cabeza de la humanidad. También, se suscitaron guerras particulares e internas, por conflictos de raza, credo, separación, dominación y control del poder en diferentes regiones y localidades nacionales.

Podría decirse que en el siglo pasado, el mundo alcanzo su mayor progreso y desarrollo, comparativamente con relación a las centurias anteriores. Los grandes descubrimientos, las nuevas ramas de la ciencia, la innovación, etc., han hecho eco en todas las vertientes de la sociedad mundial. La industrialización ha llegado a tener una posición de predominio exclusivo por sobre los intereses humanos, olvidando los objetivos sociales por los que produce riqueza, y preocupándose más por los medios para producirla y por la adquisición de sus productos.

Así, los problemas de pobreza, desigualdad, desequilibrio y exclusión social, están a la orden del día en cada Estado-nación, en unos más que en otros. Y estos últimos se mueven con variaciones entre países desarrollados y en vías de desarrollo o subdesarrollados, lo que también expresa un desequilibrio en la sociedad global. Con esta situación se desvanece la sensación de seguridad y de bienestar. La experiencia social es la urbanización del espacio territorial dentro de un concepto de modernidad. Esto encierra los problemas del cambio y del conflicto social en un mundo de complejidad y contingencia.

Por otro lado, los conflictos por hacerse de los recursos materiales no renovables, en particular el petróleo, plantea situaciones de dominación de unos Estados sobre otros. Aunados a los problemas de mal uso de los recursos vitales y la contaminación general a que está sometido el planeta. Si bien, se han instituido organizaciones mundiales, sobre todo a partir de la segunda guerra mundial, así como instancias continentales y hasta regionales y sectoriales, para aminorar o apaciguar estas situaciones, no es menos cierto, que los resultados no han sido los esperados.

Dentro de la geopolítica mundial, un nuevo orden mundial se ha venido manifestando. Una dominación unipolar ha tomado auge a raíz de la caída del muro de

Berlín en 1989 y la posterior desintegración de la Unión de países Soviéticos a partir de 1992, aunado a la caída del bloque de naciones socialistas y con ello, la tendencia a la desaparición como alternativa de desarrollo, del modelo socialista, perpetuándose desde entonces, el modelo de desarrollo capitalista a nivel planetario, salvo contadas excepciones nacionales.

La economía, la cultura y las comunicaciones se han ido globalizando. La soberanía de los Estados nacionales, han entrado en proceso de resquebrajamiento debido a que la economía mundial depende y se sostiene en manos de las grandes corporaciones supranacionales, ejerciendo presión dentro del mercado económico mundial que marca las pautas internacionales.

Las tecnologías en general y en particular, la de información y comunicación, ha venido imponiéndose de manera vertiginosa y silente en la sociedad, dando cabida a un nuevo paradigma: la revolución de la información. Si bien la tecnología resuelve problemas, también va creando nuevos desequilibrios en la ecología mundial, ya que aparecen nuevas enfermedades, virus y bacterias (COVID 19), y con ello, se deteriora cada vez más el hábitat planetario y en especial la vida en todas sus clasificaciones. Pareciera que la tecnología, más es lo que destruye que lo que construye, ya que en vez de estar al servicio de la humanidad, suele usarse en su contra.

El desarrollo de las comunicaciones y la masificación de los medios de comunicación planetaria, han dado impulso a una nueva manera de estar informado interactiva e instantáneamente, mejorando por un lado, la formación-información de los ciudadanos, pero también, incidiendo en los asuntos internos de los Estados-nacionales, a tal punto que se les suele catalogar como el cuarto poder. El papel de los medios cada vez se cuestiona más. La propaganda y venta de ésta por las agencias de publicidad generan expectativas condicionadas en los ciudadanos y tienen inferencias en todas las instancias de la sociedad. Se presenta una guerra de información perenne; de manera totalitaria y/o semitotalitaria.

La identidad de los pueblos en particular y de la sociedad en general, se está trastocando y se va imponiendo con mayor énfasis una transculturización general. Aparecen nuevos modelos de organización social con énfasis en nuevas formas de relaciones sociales y de producción.

El hombre como sujeto psíquico, ha venido quedando comprometido dentro de un sistema que cada vez se preocupa por los sistemas de relaciones funcionales de la sociedad que por su propia existencia biológica. En donde, todo se mercantiliza. El trabajo que se desempeña en la actualidad, cualquiera que sea, se ha convertido en la principal forma de trascender en la vida física. El hombre vive para el trabajo, al contrario de que este, debería ser el medio de su subsistencia individual y colectiva. En una inversión de valores, donde la producción y el consumo, es lo que cuenta. Esto genera descontento, desesperanza, y expectativas sobre lo que acontecerá en el mañana, lo que obliga a buscar una serie de explicaciones que den sentido a su existencia. Así, el hombre inadvertidamente va pasando como ser biopsicosocial espiritual.

La sociedad mundial se encuentra en un perenne proceso de cambio y transformación. Siempre buscando un reacomodo. En ese sentido, todas las situaciones acontecidas no son propias del siglo pasado, siguen estando presentes en la sociedad actual, a comienzos de este siglo, con su realidad compleja y multidimensional. Comentan Beriain y García, quienes traducen a Luhmann (1998, p. 16) que "En su estadio moderno, por consiguiente, *la sociedad no se puede seguir concibiendo como una "comunidad perfecta"*, que proporciona a los seres humanos (entendidos como sus "partes") una autorrealización plena. La sociedad es, más bien, *una muy diferenciada y abstracta red comunicativa, que proporciona poco más que unas muy laxas condiciones de compatibilidad social."*

Para entender estos acontecimientos y procesos, es menester posicionarse desde la diferenciación funcional de la sociedad contemporánea como sistema social, dada la dinámica cambiante de un mundo societal que avanza a un ritmo cada vez más rápido. Trascendentemente, desde Luhmann, se puede observar a la sociedad contemporánea, autoobservándose, como el sistema que se autorganiza y se crea así misma, en una construcción social de orden reflexivo, asimétrica, funcionalmente diferenciada y en pleno proceso evolutivo y progresivo, dentro de la paradoja de la circularidad creadora, dándole forma, fondo y sentido a todos los diferentes subsistemas sociales en la sociedad, como son: la política, la economía, la cultura, la tecnología, el derecho, la religión, la educación, etc.

De modo que la sociedad contemporánea y los sistemas sociales en general, son una pluralidad de realidades construidas. Donde cada uno cumple una determinada función específica, dentro de un espacio de elección. Esto, a su vez, genera tipos de diferenciación que se realizan en la evolución del sistema social, dando lugar a diferentes tipos de sociedad. Y sin lugar a dudas la sociedad contemporánea, desde la óptica de Luhmann, es un suceso evolutivo. Y esto comporta, un mayor nivel de riesgo que la sociedad contemporánea debe afrontar. Así, un tipo de sociedad más evolucionada como la sociedad de la información, debe cumplir más funciones y crear nuevos subsistemas que cumplan adecuadamente con servicios y desempeños sociales apropiados.

La sociedad contemporánea como sociedad de la información es una sociedad altamente compleja, en el entendido que se presentan diferentes tipos de sociedades de la información, de acuerdo al progreso y desarrollo de la organización social que la caracteriza. La sociedad de la información es una sociedad que se construye y se observa a sí misma, de forma autoorganizativa y autopoiética. La diferencia entre distintos tipos de sociedades de la información, será siempre una diferencia entre un menor y un mayor número de funciones, de espacios propios de elección y selección de alternativas. Cada una de estas sociedades de la información, pasa por una diferenciación segmentaría, estratificada y funcional, que posee sus propios rasgos y que da, a su vez, origen a una forma de sociedad de la información determinada. Aquí está implícito, diferentes tipos de comunicación.

Precisamente, esta sociedad de la información altamente diferenciada, está impregnada internamente, por los rasgos que imprimen sus propios subsistemas sociales; sistemas reales, con particularidad y actividad propia como lo son la política, la economía, la cultura, la tecnología, lo social, etc., dentro de su propio entorno, para llevar a cabo su propia reproducción autopoiética que conjuga su función especial de "observar a esa sociedad de la información". Y esto marca, la diferencia de la sociedad de la información: su evolución socio-cultural y su transformación técno-particular, en el entendido que su forma de comunicación está ligada a condiciones societales. Así, "La evolución o modernización de la sociedad ha sido frecuentemente descrita como un proceso de creciente diferenciación sistémica y de pluralización [...] De hecho, las sociedades son heterogéneas para este tipo de comparación, pues incorporan distintas formas de diferenciación" (Ídem, p. 75).

PARTE II

PERSPECTIVAS SOBRE LA SOCIEDAD DE LA INFORMACION

Mucho se ha escrito en las últimas décadas del siglo XX como a comienzos de este siglo sobre la sociedad de la información. Han aparecido diferentes enfoques para tratar de explicar, cada uno, desde su propia concepción teórica, ¿Cómo surge este nuevo modelo de sociedad? que esta dominando el progreso y desarrollo de la sociedad contemporánea. Ninguno, en términos particulares, se impone sobre los otros. Algunos coinciden en características estructurales funcionales. Otros divergen críticamente sobre la posibilidad real de que este tipo de sociedad se esté imponiendo, a no ser que consideren la continuidad de los procesos de desarrollo social en franco ascenso, los cuales, se vienen procurando de manera evolutiva y progresiva desde la concebida era de la modernidad, por allá, a mediados del siglo XVIII.

Es precisamente desde esta óptica, a favor y rechazo que se quiere abordar en esta parte, a la sociedad de la información. Al partir de los discursos contemporáneos que estudian esta problemática, se precisan las características y las relaciones que permiten asumir una postura para significar a la sociedad de la información como un modelo sistémico del estructuralismo-funcional, con la intención de adentrarnos en el terreno de la realidad investigada con un conocimiento previo.

2

ENFOQUES PROPULSORES DE LA SOCIEDAD DE LA INFORMACIÓN

Sociedad de la información como sociedad postindustrial

Construir este apartado, supone partir de los albores de los años sesenta cuando los primeros enfoques embrionarios dieron cabida a la aparición de un modelo de desarrollo productivo centrado en la información, auspiciado por una nueva forma de organización social. Así tenemos que por el lado de Norteamérica, un pensador notable, fue el teórico Fritz Machlup (1902-1983) de la Universidad de Princeton (Estados Unidos), quien pretendió describir el tamaño y desarrollo de la industria de la información en USA, a comienzos de los años sesenta. Su obra titulada "The Production and Distribution of Knowledge in the United States", en 1962, trata en términos estadísticos, de medir el valor monetario de este tipo de producción que se denomina "producción del conocimiento". Dando inicio así a lo que se conoce como "economía de la información" (Webster, 1995). Categoría que tiene más acogida entre los pensadores norteamericanos actuales.

Bajo este esquema de ideas, Machlup pretende adscribirle un valor económico a las actividades relativas a la industria de la información y medir su contribución al PIB de una economía nacional. Para ello, divide a la industria de la Información en cinco grandes grupos, incluyendo dentro de ellos, a quienes producen la información y a quienes la distribuyen (partidas en cincuenta sub-ramas), a saber:

1- Educación: escuelas, bibliotecas, universidades, etc.
2- Medios de comunicación: Radio y TV, publicidad, periódicos, etc.
3- Máquinas de la Información: Computadoras, instrumentos musicales, aparatos de TV y de radio.
4- Servicios de la Información: abogados, seguros, médicos, etc.
5- Otras actividades de la información: Investigación y desarrollo, actividades no probadas, etc.

Además, el autor considera que cuando hay una contribución al producto interno bruto al trabajar con esas clases de categorías, se proclama la característica de emergencia en el tiempo de una "economía de la información" (Ídem, p. 11).

Seguidamente, no se puede dejar de lado, los pronósticos de Marshall Mcluhan (1911-1980), teórico de la comunicación, académico e investigador de la Universidad de Toronto (Canadá), y visionario, quien en los años 60 del siglo XX, acuñó el término "Aldea Global", para describir la interconectividad planetaria a escala global futura por parte los medios electrónicos de comunicación, tal cual se observa hoy en día.

Un tanto después, Alain Touraine (en su obra "La Sociedad Post-Industrial" en 1969) y Daniel Bell (con "El Advenimiento de la Sociedad Post-Industrial" en 1973), le dan vida al término de la "Sociedad Post-industrial", para referirse a un tipo de sociedad que se aproxima, y dentro de la cual, todo progreso sería monopolizado por el conocimiento, a partir de las nuevas fuentes de información y de la posibilidad de acceso a ellas.

En el caso de Bell, sus teorizaciones están sostenidas en desarrollos economicistas y ocupacionales de la sociedad. Así entre sus postulados, como bien los especifica Webster (1995, pp. 30-48) tenemos que:

1. La entrada a un nuevo sistema; a una sociedad post-industrial, requiere de una elevada e importante y crucial, tanto cuantitativa como cualitativa presencia de información y conocimiento. Con ello se refiere a la idea de la "revolución de la información".

2. Las sociedades post-industriales son sociedades avanzadas y "radicalmente disyuntivas"; y surgen a través de los cambios en la *estructura social* además de en lo político o cultural, con autonomía entre estas tres. A tal punto que una ocurrencia en una de ellas, puede no repercutir en la otra.

3. La sociedad post industrial es una sociedad de servicios, donde el empleo en servicios es lo que predomina. Y el incremento en la productividad es la clave del cambio.

4. El recurso básico humano que predomina, consiste de trabajadores de la información. Esto significa que las "personas centrales" en la sociedad post industrial, son profesionales equipados con una educación y entrenamiento que demanda este tipo de sociedad.

5. El empleo se divide en tres separados sectores: primario, secundario y terciario, en correspondencia con la agricultura, manufactura y servicios. Donde los servicios se expanden sobre la base de la productividad en los sectores primarios y secundarios. Es esta etapa del desarrollo del sector servicio la que distingue a la sociedad "post industrial" de una sociedad "industrial".

Por su parte, Marc Porat refiriéndose a la economía de la información al igual que Machlup –mediante el diseño de un modelo en computación de la economía de los Estados Unidos a finales de los años sesenta–, presenta una curva creciente de actividad de información que muestra como esta sociedad, se dirige hacia una nueva era. Divide a la economía entre sectores "primarios", "secundarios" y "no-de la información". El sector primario de la información incluye a todas las industrias que ponen a disposición, su información en el mercado o donde un valor económico pueda ser realmente atribuido; el sector secundario de la información incluye en su tipología, importante actividades informacionales; y el tercer sector; no informacional, separado de los elementos de la economía (Ídem, pp. 11–12).

Además, en su informe de 1977 [referido en Webster, 1995, p. 12: Porat, M. (1977). The information Economy: Sources and Methods for Measuring the Primary Information Sector, US Department of Commerce, Office of Telecommunications. Washington], separando estos dos sectores del "no de la información", utiliza estadísticas oficiales de USA y encuentra que las actividades del sector primario y secundario alcanzan un 46% del PIB. De lo cual, argumenta de ipso facto que la economía USA es una economía de la Información.

Bajo este marco de ideas, muchos se han acercado a la conjeturas de la sociedad de la información de diferente manera en las décadas de los sesenta-setenta del siglo pasado, como en el caso de Zbigniev Brzeziniski con "La era Tecnotronica" en 1969; Radovan Richta y "La Civilización en la encrucijada" en 1968; James Martin con su idea de la "Sociedad Interconectada" en 1978; Simón Nora y Alain Minc con su informe sobre la "Informatización de la sociedad" en Francia para 1978; Afanasiev con "La Dirección científica de la Sociedad" en 1978; y así otros. No obstante, es Yoneji Masuda (1905-1995), Japonés, sociólogo, futurista y utopista, quien fue el pionero sobre la idea de "Sociedad de la Información", a pesar de que esta se le endilgue a autores occidentales, por cuanto en 1968, publicó "Una introducción a la Sociedad de la Información" en Tokio.

Masuda fue el planificador de la informatización de la sociedad japonesa con su "PLAN JACUDI", en 1972; dirigido hacia la construcción de la sociedad de la información en Japón hasta el 2000. Aparte de dirigir diferentes instituciones que giran alrededor de esta temática, y que luego conjuga con toda su creatividad y experiencia en su obra cumbre que las recoge: "La Sociedad de la información como Sociedad Post-industrial" en 1980. A partir de este escrito, es considerado un escritor "optimista" y "utópico" debido a la parsimonia de su obra que alcanza popularidad a comienzos de la década de los ochenta del siglo pasado, en el ámbito académico mundial, imponiendo el término "sociedad de la información". Siendo el primero que la conceptualiza y modela.

Se refirió a la sociedad de la información como un fenómeno que se está gestando en el mundo contemporáneo, y plantea que éste surge de la explosión de la información, las telecomunicaciones y la informática, condensándose en lo que él llamo la "computopía" –unión de computación más utopía– y que a su vez preconiza un nuevo orden mundial, debido a un amplio uso de la tecnología de información y comunicación, y a los cambios estructurales inducidos en el conjunto de la sociedad. Bajo estos argumentos, Masuda proyecta el carácter, estructura y visión global de lo que la sociedad de la información debería ser. Sostiene que en ésta sociedad, la "tecnología del computador" será la innovación tecnológica que constituya el núcleo de desarrollo, y su función más importante será la de sustituir y amplificar la labor mental del hombre (Ídem, pp.77-78). Para ello concreta lo que considera una era de la información:

> Una «era de la información» (11) es el período de tiempo durante el cual tiene lugar una innovación en la tecnología de la información, se convierte en la fuerza latente de la transformación social, capaz de acarrear una expansión en la calidad y en la cantidad de información y un aumento a gran escala del almacenamiento de información. (Masuda, 1984, p. 67)

Por esta vía, la sociedad de la información debe necesariamente franquear tres etapas inexorablemente: la *automatización* que sustituye el trabajo mental del hombre; la *creación de conocimiento* que lleva la amplificación del trabajo mental del hombre; y *la innovación del sistema*, un conjunto de transformaciones políticas, sociales y económicas que resultan de las dos primeras etapas de desarrollo, y que hacen posible la aparición de nuevos sistemas socioeconómicos (Ídem, pp. 77–86).

Estima que para la consecución definitiva de ésta sociedad, debe transitar por cuatro fases de la informatización, comprendidas como: *Científica*, con base en el uso intensivo del computador en proyectos del Estado, quien funge como impulsador inicial de este fenómeno. Luego, la *Gestión empresarial*, con la aplicación intensiva de la informática en áreas de carácter tanto administrativas como de otra índole empresarial, dentro del área pública como privada. Seguidamente, a *nivel social*, sobre la base de dar respuestas significativas a necesidades sociales, dentro de áreas de interés general de la sociedad, conocida como fase de "informatización al servicio de la sociedad". Y finalmente, la *individualización*, que conlleva un nivel de informatización ciudadana, para la compra, uso y acceso a la información-conocimiento, mediante tecnologías de información en todas las instancias individuales de su vida.

Esta última fase es para Masuda, el nivel más alto de informatización que alcanzará la sociedad, que según él será "la creación masiva de conocimiento" (Ídem, pp. 54-57). Es Justo aclarar, que Masuda previó estas fases de forma dinámica, a tal punto que una vez iniciadas en ese orden, siguen desarrollándose independientemente y se solapan en el tiempo. Y Además, atendiendo a un "espacio de la información", que se conjuga dentro un espacio de redes de computadoras nacionales, regionales y globales.

De este modo, Masuda considera que el propósito de la informatización de la sociedad debe estar dirigido hacia la realización de *"una sociedad que aporte un estado general de florecimiento de la creatividad intelectual humana, en lugar del opulento consumo material"* (Ídem, p. 23), por cuanto futuriza a la sociedad de la información como "un nuevo tipo de sociedad humana, completamente distinta de la actual sociedad industrial". Hecho que sostiene con el argumento de que *"serán la producción de valores de información, y no la de valores materiales, la fuerza conductora motriz la que esté detrás de la formación y desarrollo de la sociedad"* (Ídem, p. 46).

Masuda supone, en base a una serie de cálculos que realizo comparativamente con el desarrollo de la sociedad industrial que la *sociedad de la creación masiva de conocimiento*, la fase más avanzada de la era de la información, probablemente se alcance en algún lugar de la Tierra, hacia la mitad del siglo XXI. Pero para ello, se debe realizar la computopía masudiana. Situación que consiste, en lograr siete conceptos esenciales de la sociedad de la información que contempla a la sociedad de la futurización, a saber:

- Cada individuo, pequeños grupos, sociedades locales y comunidades funcionales persiguen y alcanzan la satisfacción de sus necesidades de *auto-realización*.

- Aparecen nuevos derechos consagrados en la *libertad de decisión y de igualdad de oportunidades* con relación al uso voluntario del tiempo futuro disponible y a la consecución de sus objetivos personales.

- *Florecimiento de distintas comunidades voluntarias*, dinámicas y creativas e independientes de tiempo y lugar.

- *Realización de sociedades sinérgicas interdependientes* bajo unidades productoras de información en base a un nuevo principio social caracterizado como *proalimentación sinérgica*.

- *Sociedades funcionales libres de poder dominante*, sin clases y cuyo núcleo social serán las comunidades voluntarias multicentradas con un *sistema de administración voluntaria de los ciudadano*s.

- El computador como *hecho científico decisivo* debe ser usado para la creación de conocimiento de las masas. Así, la acción de los ciudadanos producirá la transformación sistemática de la estructura social y en consecuencia, estas acciones sociales se convierten en relaciones de recursos y objetivos que operen como relaciones de causa-efecto.

- *Renacimiento del sinergismo teológico* entre el hombre y el Ser Supremo, o sea, simbiosis entre el hombre y la naturaleza (Ídem, pp. 169-177).

Se desprende de todo esto que Masuda piensa una sociedad que no es capitalista ni socialista, sino más bien, una sociedad futura con nuevos rasgos y perspectivas que se consigue de nuevo en su humanidad. Esa es la sociedad utópica a la que él considera, será una sociedad de la abundancia, de la futurización global, compleja y *multicentrada*. Un tipo de sociedad ideal. Por ello le catalogan de "optimista y utópico".

De esta manera se plantean los rasgos fundamentales entre una sociedad post-industrial que se sostiene en la información, servicios y preparación mediante el conocimiento y una sociedad de la información que asume visos de una sociedad más avanzada que cambia la estructura y las relaciones sociales en diferentes dimensiones de la sociedad y que se preconiza en su etapa superior del "conocimiento global". Hecho que supone, atrapará a todos, tarde que temprano.

La era de la información como sociedad informacional

Algunos reconocidos autores, consideran que la sociedad de la información siempre ha existido, sobre todo desde la época de la Europa Medieval, en razón de que para ellos, tanto la información como el conocimiento ha sido fundamental en todas las sociedades. Por ello se refieren a esta nueva forma de organización social, con una distinción terminológica que presume ser más significativa con relación a la dinámica que experimenta la sociedad contemporánea, al intentar caracterizar las transformaciones actuales, más allá de la observación de sentido común de que la información y el conocimiento ocupan el centro de la vida societal.

Bajo esta orientación, un prolijo autor coetáneo como Manuel Castells; español, sociólogo e investigador sobre esta temática, presentó a fines del decenio pasado, una trilogía titulada "La Era de la Información: Economía,

Sociedad y Cultura", en 1999, con la ambiciosa idea de formular una teoría sistemática que dé cuenta de los efectos fundamentales de la tecnología de la información en el mundo presente. Así, en su primer volumen: la sociedad red, examina la lógica de este tipo de sociedad que se configura en las postrimerías del siglo XX, a partir de una serie de procesos interrelacionados que constituyen lo que este autor cataloga como una nueva era: de la información.

La base fundamental que sostiene su obra, se soporta en una combinación tanto del proceso de reestructuración del capitalismo como de las innovaciones tecnológicas que ocurren a fines del siglo veinte y que actúan como principal factor de la transformación social en marcha y que seguirá en proceso. Es así que Castells, a partir del paradigma de la revolución de la tecnología de la información, analiza la complejidad de la nueva economía, sociedad y cultura en formación. Para ello, hace una distinción entre el modo de desarrollo y el modo de producción.

En cuanto al modo de producción que refiere a cómo se organiza el sistema social, el autor expresa dos grandes modelos conocidos: el capitalismo y el estatismo (socialismo). Y con relación al modo de desarrollo que apunta a los dispositivos tecnológicos, es decir, a los medios técnicos para generar un determinado grado de producción, hace mención al industrialismo y al informacionalismo. Del capitalismo, como se sabe, se orienta hacia la maximización del beneficio y las libertades económicas, mientras que en el estatismo, se orienta hacia el control de los medios de producción y por ende, a la planificación económica por parte del Estado social y promotor.

Por su parte, en el industrialismo, su fuente de productividad se orienta hacia nuevas fuentes de energía y capacidad de producción, en vías de un crecimiento económico, mientras que en el informacionalismo, la fuente de la productividad radica en el manejo de información, la generación de conocimiento, y la comunicación de símbolos (Castells, 1999, pp. 39-44). Estos modos, tanto de producción como de desarrollo, hacen la diferencia en una sociedad; entre el orden social y las necesidades técnicas. Vistos así y de acuerdo con el autor, el modelo de producción que predomina en el último cuarto de siglo XX es el capitalismo, que se ha impuesto en interacción con la economía global y la geopolítica mundial. Y el nuevo modelo de desarrollo es el informacionalismo (informacional) como nuevo sistema tecnoeconómico de *capitalismo informacional* (Ídem).

De esta manera, para Castells, la reestructuración que sufre el sistema capitalista a partir de la década de los ochenta, producto de la flexibilidad en la gestión; auspiciado por nuevas formas de organización de las empresas; materializada en la descentralización e interconexión tanto interna como en su relación con otras empresas; y soportada en la tecnologías de información y comunicación –y las redes–; hace posible que el cambio que surge de este proceso, de cabida a una "sociedad red". Hecho que se convierte en la lógica de interconexión de la estructura básica fundamental de la *Sociedad informacional* y con ella, de una economía informacional. Estructura que en sí misma no agota todo el significado de sociedad informacional, por cuanto ésta última; está impregnada de unos rasgos característicos que van más allá de la lógica de interconexión que son propios de las transformaciones actuales que presentan las sociedades contemporáneas.

Sobre esa tónica, Castells manifiesta que todas las sociedades están influidas tanto por el capitalismo como por el informacionalismo, aunque con diferencias circunstanciales según sean; su ubicación geopolítica, historia, cultura, institucional, y su relación específica con el capitalismo global y la tecnología de la información (Ídem, p. 39). Con la salvedad de que las desarrolladas, para él, ya son informacionales (Ídem, p. 47).

En resulta, la estructura y los procesos que caracterizan a las sociedades informacionales actuales, desde la óptica de Castells en su primer volumen, se especifican como: la *economía informacional*; una nueva economía basada en la reestructuración socioeconómica y la revolución tecnológica con su sustrato informacional y global. En razón de que lo informacional, atañe a la generación, procesamiento y aplicación con eficacia de las tecnologías de información y comunicación, por los agentes de la economía para mejorar la productividad y competitividad, dentro de una economía interconectada en redes y profundamente interdependiente.

A su vez, global; debido a que la unidad económica tiene lugar a escala planetaria –esto es, la producción, el consumo y la circulación del capital–, haciendo posible la producción estratégica, las actividades comerciales, la acumulación de capital, la generación del conocimiento, la gestión de información, el mercado, la competencia y las decisiones en centros de operaciones a nivel global, sobre la base de una red global de interacciones entre los agentes económicos (Ídem, pp. 93-127). Según él, esta situación empezó a gestarse, sólo a finales del siglo XX. Aunque aclara que si bien no se han realizado plenamente, es cuestión de tiempo.

La *empresa red* se caracteriza por una nueva lógica organizativa que se expresa en una matriz común de formas organizativas para los procesos de producción, consumo y distribución, aunado al paradigma de las tecnologías de información y comunicación (TIC´s) que constituye a las nuevas organizaciones estructuradas en redes y soportadas en el poder de la información. Así se da una simbiosis entre la organización en red y las TIC´s, para la generación de información y la producción de conocimiento. Lo que hace al modelo de gestión más flexible y adaptable. Según Castells, esta forma es la base histórica de la economía informacional (Ídem, pp. 179-199). Además, "la empresa red materializa la cultura de la economía informacional/global: transforma señales en bienes mediante el procesamiento del conocimiento" (Ídem, p. 200).De aquí que cada sociedad tiende a generar sus propios mecanismos organizativos, de acuerdo a sus raíces culturales e institucionales.

En todo caso, según él, a medida que el proceso de globalización progresa, las formas organizativas evolucionan de las empresas multinacionales a las redes internacionales, pasando por encima de las denominadas "transnacionales". Vistas así, "las empresas multinacionales son las poderosas poseedoras de la riqueza y la tecnología en la economía global, ya que la mayoría de las redes están estructuradas a su alrededor" (Ídem, p. 220). En el entendido que "la empresa red cada vez es más internacional (no transnacional) y su conducta será el resultado de la interacción de la estrategia global de la red y los intereses de raíces nacionales/regionales de sus componentes" (Ídem, p. 222).

En consecuencia, para Castells, la unidad básica de la organización económica contemporánea es la red, y ello, da paso así, a una cultura multifacética y virtual. En el fondo de todo esto subyace el "espíritu del informacionalismo" que Castells considera la cultura de la "destrucción creativa" (Ídem, p. 227).

En cuanto al *trabajo y el empleo* en la sociedad de la información, Castells hace referencia a las transformaciones que se han originado producto de las nuevas formas organizativas y a las tecnologías de información y comunicación en la emergente empresa red que afectan a la sociedad en general y que tienen que ver con los trabajadores en red, desempleados y trabajadores a tiempo flexible (ídem, p. 229).

Con relación a la nueva estructura ocupacional en las sociedades informacionales, Castells observa que hay diferencias acentuadas entre las estructuras ocupacionales de sociedades que son consideradas informacionales, además de una tendencia común hacia el aumento del peso relativo de la ocupación notoriamente informacional (ejecutivos, profesionales y técnicos). Destacando que en las sociedades avanzadas, el contenido informacional dentro de la estructura ocupacional es muy superior, independiente de sus sistemas político/cultural y de lo que ha sido su proceso histórico de industrialización (Ídem, pp. 245-246).

En el fondo del proceso, el trabajo informacional está determinado por sus propias características de manejo de información. En consecuencia, se está redefiniendo los procesos laborales y a los trabajadores y, por lo tanto, el empleo y la estructura ocupacional (Ídem, pp. 270-280). Acota Castells que no hay una clara relación estructural-sistemática entre la propagación de las TIC's y la evolución de los niveles de empleo en el conjunto de la economía. Como tampoco, por si misma, causa desempleo, aunque obviamente, reduce el tiempo de trabajo por unidad de producción. No obstante, el tipo de puesto laboral, si cambia en cantidad, calidad y la naturaleza del trabajo que se ejecuta. Por lo tanto, se requiere un personal más calificado, lo que podría excluir trabajadores (Ídem, pp. 292- 293). A largo plazo podría crear más empleos (Ídem, p. 302).

La *cultura de la virtualidad real*, se da según Castells, porque cambia la forma fundamental del carácter de la comunicación debido a la integración de los medios de comunicación, a la comunicación electrónica y su alcance global, y al desarrollo de las redes interactivas. Aunado a la mediación de los intereses sociales, las políticas gubernamentales y las estrategias comerciales, generando cambios en la cultura a nivel mundial-local (Ídem, p. 362). Dando forma a la cultura de la era de la información (Ídem, pp. 362-374). Sobre todo, gracias a la Internet que recoge en su seno, un hecho tecnológico y crucial, como la multimedia. Y además, en conjunto, estas últimas, han propiciado la formación de comunidades virtuales.

De acuerdo a lo que piensa Castells, este modelo sociocultural caracterizado por una extendida diferenciación social y cultural, en un modelo cognitivo común, captura dentro de sus dominios, la mayor parte de las expresiones culturales en toda su diversidad (Ídem, pp. 397-405). Este nuevo sistema de comunicación transforma radicalmente el espacio y el tiempo, y las dimensiones fundamentales de la vida humana, al reintegrarse en redes funcionales, provocando un espacio de flujos que sustituye al espacio de lugares (Ídem, pp. 406- 408).

Del *espacio de los flujos* se puede argüir que organiza al tiempo en la sociedad red, gracias a las TIC´s, y a las formas y procesos sociales inducidos por el proceso actual de cambio histórico, que según Castells, es la manifestación espacial dominante del poder y la función en las sociedades a fines de siglo XX (Ídem, p. 410). Para él, la economía informacional/global se organiza en torno a centros de mando y control, capaces de coordinar, innovar y gestionar las actividades entrecruzadas de las redes empresariales. En lo que todo se reduce a generación de conocimiento y flujos de información (Ídem, pp. 411-412).

De este modo, las regiones y localidades no desaparecen, sino que quedan integradas en redes internacionales que conectan sus sectores más dinámicos (Ídem, p. 414). Entonces, para Castells, la ciudad global no es un lugar, sino más bien, un proceso "mediante el cual los centros de producción y consumo de servicios avanzados y sus sociedades locales auxiliares se conectan en una red global en virtud de los flujos de información, mientras que a la vez restan importancia a las conexiones con sus entornos territoriales". Esto marca una nueva lógica de localización industrial (Ídem, p. 419). Y también, la realización de funciones de la vida cotidiana interactivamente a nivel local/global, además de que emerge una nueva forma de trabajo a distancia: el teletrabajo (Ídem, pp. 427-428). Y dentro de todo esto, en la era informacional, aparece un proceso que le da sentido a lo que se podría considerar una nueva forma urbana: la ciudad informacional (Ídem, p. 432).

Y gravitalmente, surgen nuevas formas espaciales que condensan grandes densidades de población dentro un espacio territorial, pero que además, tienen la potencialidad de estructurarse en nodos de la economía global, y concentrar funciones superiores de dirección, producción y gestión en todo el planeta; el control de los medios de comunicación; el poder de la política real; y la capacidad simbólica de crear y difundir mensajes. Estas *megaciudades*, como las llama Castells, articulan la economía global, conectan las redes informacionales y concentran el poder mundial. Y tienen la preponderancia de "estar conectada globalmente y desconectada localmente, tanto física como socialmente, lo que hace que estas llamadas megaciudades tengan una nueva forma urbana" (Ídem, pp. 436- 438). En resumidas cuentas, para él, el espacio de los flujos es la forma material que soporta a los procesos y funciones dominantes en la sociedad informacional.

En cuanto al *tiempo atemporal* se refiere, Castells contempla la forma emergente dominante del tiempo social en la sociedad red, bajo la tutela de las TIC´s, y moldeado por las prácticas sociales, como uno de los cimientos de la nueva sociedad que según él, ya ha entrado en función, imbuida de forma enmarañada con el surgimiento del espacio de los flujos (Ídem, pp. 463-468). En suma, esto hace mención a las operaciones sociales en tiempo real e interactivo, tanto en lo empresarial como de la vida cotidiana, en un ámbito de acción mundial-local. De esta manera, para Castells lo que "está en juego, y la que parece ser la tendencia prevaleciente en los sectores más avanzados de las sociedades más adelantadas, es la diversificación general del tiempo laboral, dependiente de las empresas, redes, puestos de trabajo, ocupaciones y características de los trabajadores" (Ídem, p. 477).

Finalmente, en la *sociedad informacional*, como señalará éste autor, su constitución fundamental se soporta en la sociedad red, prevaleciendo la morfología social bajo el paradigma de la tecnología de información y comunicación, modificando según su lógica de red, la forma sustancial de la operación y los resultados de los procesos de producción, la experiencia, el poder y la cultura. Sociedad ésta, que por ahora, Castells juzga capitalista en su diversidad institucional (Ídem, pp. 505-507). De esta manera, este autor piensa que se ha entrado en un *modelo puramente cultural de interacción y organización social*, donde la información es el insumo decisivo de la organización social, y "los flujos de mensajes e imágenes de unas redes a otras constituyen la fibra básica" de la actual estructura social. En definitiva, para él, este es el comienzo de una nueva era –de la información– dentro de la cual; la cultura impone el camino de la sociedad más allá de las necesidades materiales actuales (Ídem, p. 514).

Por su parte, Antonio Lucas en la misma tónica de Castells, pretende explicar las sociedades avanzadas modernas que el también asienta, son sociedades informacionales, a partir de la lógica de una evolución que transita desde sociedad tradicional hacia una industrial, hasta llegar a lo que se considera actualmente como sociedad informacional. De aquí que intenta captar los elementos diferenciales de las nuevas sociedades, a partir del referente histórico sociedad tradicional-industrial, sobre la base de dos grandes dimensiones: los presupuestos económicos que permiten el cambio y la manifiestas posibilidades de la innovación, y las nuevas tecnologías de la información y comunicación (Lucas, 2000, p. 11).

Así, Lucas entiende que la evolución de las sociedades actuales avanzadas es producto de una historia y de una construcción social (Ídem, p. 10), en la que la preeminencia de los procesos informativos, la producción y el traslado de la información, tiene una incidencia significativa en la realidad económica y social. A tal punto que estima éste autor; se ha manifestado una fenomenal valoración de la innovación, alentada por el cambio tecnológico que explica de alguna manera, la reciente etapa de desarrollo que han observado los países más avanzados, con una especial valoración de la información-conocimiento, como fuente de productividad y poder. Hecho que encausa muchas de las transformaciones atribuidas a las sociedades informacionales (Ídem. P. 35).

Es así que Lucas aborda la interpretación histórica de la evolución social a partir de las innovaciones tecnológicas como impulsoras de los ciclos de crecimiento y cambio en las sociedades avanzadas, lo que se manifiesta en el cambio social (Ídem, p. 36). Por tal providencia, plantea cinco tendencias significativamente importantes del proceso de modernización que sufren estas sociedades y dentro de cada cual, se expresan unos atributos que las contiene. Estas tendencias hacia una sociedad informacional que empiezan a visualizarse a finales de la década de los setenta del siglo pasado, se presentan, tal como Lucas las consideró (Ídem, pp. 40-42):

- La *evolución demográfica*, contenida dentro de unas características de mayor estabilidad poblacional, con un cada vez mayor desarrollo de zonas suburbanas, educación más especializada, dentro en un modelo familiar crecientemente informatizado, y una emancipación social femenina total.

- En el aspecto del *cambio* referido a una gran movilidad física, social y psíquica, se da dentro de un proceso de aceleración, ciertamente relacionado con la información. Así, la movilidad tiene que ver con los cada vez más versátiles medios de transporte en general y de comunicación en particular, soportados en conocimiento científico y en las tecnologías de información y comunicación.

- En cuanto a la *racionalización* se refiere; la racionalidad es de carácter implícito dentro de una sociedad que se soporta en el binomio información-conocimiento, con un generalizado capitalismo, una burocratización flexible, y una democracia ampliándose a todo nivel. Todo esto, en sintonía con una tecnología altamente necesaria para permitir la racionalidad y eficacia societal, tal cual, esgrimen las TIC´s.

- Por último; con relación a la *complejidad y conflictividad* reinante, la tendencia es hacia intentos de solución de problemas sociales; la globalización de las comunicaciones; la sobrevaloración del tiempo flexible; inquietud por el medio ambiente sin control real sobre este; tendencia de gobiernos hacia una cada vez mayor democracia y participación ciudadana; la desregulación de las organizaciones; un nuevo tipo de conflictos sobre aspectos relacionados con las minorías, sexo o cultura; y un cierto fundamentalismo en la búsqueda de la seguridad.

Como se desprende de todo esto, hay una expresa relevancia de la gestión de la información en las sociedades avanzadas, al abocarse a diferentes aspectos que involucran situaciones de orden técnico, económico, social y cultural. Es así como Castells y Lucas coinciden en sus postulados, cuando afirman que las sociedades avanzadas son ya informacionales, con sus diferencias típicas. Hay una relación estrecha entre las nuevas tecnologías y la sociedad, y esta se precisa de carácter dialéctica. Y quizás, como expresará Castells, el problema del determinismo tecnológico es un falso dilema.

Cibersociedad como nuevo mundo digital

Muchos autores hacen hincapié en diferentes perspectivas del desarrollo tecnológico imperante en la época actual, con la idea de referirse a los cambios que se han venido suscitando desde fines del siglo pasado, a fin de caracterizar a la sociedad contemporánea en su dimensión espacio-temporal-societal. Es así que Luís Joyanes, hace mención de la *cibersociedad*, para aludir a una nueva sociedad de la información que pulula desde mediados de la década de los setenta del siglo veinte, dominada por la tecnología, y en particular por las tecnologías de la información y de la comunicación (TIC´s), bajo un manifiesto hecho contemporáneo: el cambio. Y sobre estas bases, urge dar respuestas de orden técnico, económico, social, cultural y político, dentro de una revolución silenciosa de carácter ciber-mundial y global-virtual, con el asentamiento de la aldea global en el ciberespacio y conducido por la interactividad como anulación de las asimetrías dentro de ésta novedosa sociedad (Joyanes, 1997).

De esta suerte el referente histórico capital-trabajo tiende a ser sustituido por información-conocimiento, como piedra angular de la nueva economía, sociedad y cultura, a tal evento que la información como objeto de consumo y como sector económico implica que "Consumir información iguala a todos los países, mientras que producirla requiere el desarrollo de los sectores de tecnología punta" (Ídem, pp. 1-2). Es así que este tipo de sociedad a quien este autor endilga de distinta con relación a la capitalista, supone dos factores fundamentales que la alimentan: "la información como elemento aglutinador y la innovación tecnológica, como instrumento para aproximarse a ella" (Ídem, p. 4).

Y que además, como bien y actividad, representan la principal fuente de riqueza y principio de organización (Op. Cit). De modo que sobre este cúmulo de ideas, ésta sociedad se ha venido construyendo, soportada como bien observa Joyanes, dentro de cinco pilares estructurales e indispensables para su total comprensión: la multimedia (integración computacional de texto, sonido e imágenes); la hipermedia (combinación de multimedia e hipertexto: vínculos de textos computacionales); la realidad virtual (simulación de la realidad mediante computadora); las grandes redes de computadoras (interconexión e interoperatividad de computadoras); las autopistas de la información (sistema interactivo de comunicaciones constituido por grandes redes de computadoras que se conectan entre sí a altas velocidades por medios como la fibra óptica, el cable, los satélites o la telefonía móvil, dando vida a lo que se conoce como Infraestructura Nacional de Información [INI]) y en particular Internet (Ídem, p. 7).

Joyanes entiende que las industrias multimedia –o como mejor las prefiere llamar infomedia: informática, comunicaciones y electrónica– son el motor económico de la economía, y estima que se constituirán en las industrias más grandes y dinámicas del mundo (Ídem, p. 8). Con respecto a las autopistas de la información, considera que agrandarán las diferencias entre países industrializados –a los que cataloga de informatizados y asfaltados con autopistas de la información– y los no industrializados –aquellos informatizados o no, pero sin asfalto en sus autopistas de la información– (Ídem, p. 13).

Así, la nueva sociedad contempla, sin lugar a dudas: integración de las tecnologías de la información y comunicación, interconectadas en redes por todo el mundo, generando cambios significativos tanto en la estructura económica como social, política y cultural (ídem, pp. 14-20). De este modo, Joyanes sostiene que el cambio que se avecina en el modelo de las relaciones sociales, está sujeto a la diferencia entre lo que se interpreta como "una sociedad informatizada" y "una sociedad informada" (ídem, p.32). A sabiendas que el binomio información-conocimiento conducido por las TIC's, es el factor clave del cambio tecnológico, en tanto la información se constituye en materia prima, así como también en producto (Ídem, p. 34), base por cierto, del desarrollo social actual.

En ese mismo orden de ideas, Alvin Toffler, futurólogo del cambio, contemplo grandes "Olas" en la evolución social que han consumido y sepultado culturas y civilizaciones a lo largo de la historia, generando nuevas modos de vida social sorprendentes. Bajo este argumento, sostiene que la sociedad humana ha transitado por tres grandes olas. La primera referida a la revolución agrícola que duró miles de años para desarrollarse; la segunda, vinculada al auge de la revolución industrial, se materializo en tan sólo trescientos años, mientras que a una velocidad aun mayor de la historia, la tercera; en pocas décadas, ya está en franca expansión mundial (Toffler, 1996, p. 7).

Precisamente a esa tercera ola a la que alude Toffler, es la que Joyanes apunta como Cibersociedad, para sugerir una nueva sociedad de la información, por cuanto al igual que Castells, entiende que la información siempre ha sido un sustrato importante de las sociedad pasadas, sólo que ahora con las TIC's, los cambios que se han venido gestando, genera transformaciones de toda índole en las sociedades modernas. Desde esa visión, todo se reduce a gestión de información social en la forma de "información digital".

Por su parte, Nicolás Negroponte en alegoría con el ADN, sostiene que la sociedad se transforma gracias al cambio de la cultura del átomo a la del bit, entendido este último, como el elemento atómico más pequeño del ADN de la información. Esta unidad básica de información, viajando a velocidades insospechadas por las grandes redes de telecomunicación en cantidades masivas, representa a cadenas de información, que a fin de cuentas, es el recurso básico de la economía digital y que ha hecho posible que ésta se haya globalizado. Aunque para Negroponte no cabe duda que estamos en la era de la información, entiende que estamos pasando a una era digital o de la postinformación, en la que "Ser digital es poder crecer" (Negroponte, 2000, p. 60) Esto significa que todo se digitaliza.

Así la informática se hace "omnipresente" y la generación de turno la asume por naturaleza, en el entendido que cada vez más, nuevas generaciones serán más digitales que las anteriores (Ídem, p. 273). En ese advenimiento, nos dirigimos hacia un modelo de individualización que "trata de la familiaridad con la previsión del tiempo, de las maquinas que entienden a los individuos con el mismo o mayor grado de sutileza que se espera de otros seres humanos, incluyendo la idiosincrasia propia de cada uno […], y acontecimientos totalmente aleatorios, buenos y malos, pertenecientes al inexpresable devenir de nuestras vidas" (Ídem, p. 197).

Para Negroponte, al acercarnos al mundo digital, comporta un lado no optimista por el uso y abuso que se pudiera dar con el ser digital, no obstante, la era digital posee cuatro importantes cualidades que a su juicio la harán triunfar: descentralizadora, globalizadora, armonizadora y permisiva (Ídem, p. 271).

Por el lado de Francisco Aguadero, éste contempla a la vida en el primer siglo del tercer milenio, apoyada en una economía globalizada en base a la información, mientras que la sociedad será dual y compleja. Todo ello, dentro del tejido de unas redes y flujos extendidos en el globo terráqueo, debido a un mundo digitalizado en el que el bit se presenta como la materia prima substancial (Aguadero, 1997, p. 9). De esa manera, aduce que se ha entrado en lo que se ha dado en llamar "sociedad de la información", con miras a desembocar en la futura sociedad del conocimiento. De allí que éste autor considera diez rasgos característicos que le hacen suponer, que ya vivimos en la sociedad de la información.

De partida se refiere a un nuevo orden social, centrado en torno a las tecnologías de la información y la comunicación, la microelectrónica, la informática, las telecomunicaciones, la ingeniería genética y los nuevos materiales que de vuelta, inducen nueva innovaciones tecnológicas. Y todo esto transforma las estructuras y organización de la sociedad (ídem, pp. 14-15).

Seguidamente, estima a una economía basada en la información, en función de la aplicación estratégica de conocimientos e información a los procesos de gestión, fabricación y mercadeo. Una vida globalizada orientada por el comercio, los mercados y las comunicaciones transaccionales, a escala planetaria y en tiempo real sobre la base de las TIC´s. Y en cuanto a la dualidad compleja, hace mención a los particularismos y afirmaciones de identidades a todos los niveles: políticos, sociales, geográficos, religiosos, culturales y hasta personales (Ídem, pp. 16-18).

Para él, la idea de los contrarios que se puedan suscitar en este tipo de sociedad, supone consideraciones de una sociedad más justa o injusta; de inclusión o de exclusión, más individualismo o colectivismo, más armonía o conflictos, más paro laboral o pleno empleo, más ocio o trabajo, y así sucesivamente. Y de las redes y flujos hace colación, como muchos autores, a la estructuración en red de todos los procesos de la sociedad en general, llegando a formar con ayuda de las TIC´s, redes de redes por donde fluye todo tipo de información. Producto de ello, se genera un mundo digitalizado que viene a ser para el autor, un hecho revolucionario de categoría universal, en cuanto a que todo soporte físico, es registrado y procesado en base a una única materia prima: el bit, que compuesto y trasmitido –en forma digital– por la red, constituye un documento multimedia.

Con respecto a las fronteras y los límites, señala que se hacen borrosos, al construirse nuevas fronteras dentro de un nuevo orden, que supone que muchas cosas y procesos se desdibujen, auspiciando nuevas fronteras entre sectores, áreas, negocios, tecnologías, poderes, etc., dando cabida a cambios que generan una gran complejidad (Ídem, pp. 18-20). Y aún más, en una tendencia hacia un mundo sin papeles –dado que todo se digitaliza–, es posible que se oxigene el planeta al no tenerse necesidad de talar bosques y árboles, por cuanto la materia prima de contenido electrónica así como sus medios e instrumentos, supone por ahora que no son contaminantes. Esto hace que inclusive, el dinero se convierta en electrónico, ya que toda transacción viajara por las redes de información y comunicación, lo que acarrea un tendencia hacia la desaparición de las monedas y billetes (Ídem, pp. 21-22).

Por último, acota que el sector terciario referido a los servicios es el principal escenario de la sociedad de la información, a tal punto, que según él, éste ocupa a más del cincuenta por ciento de la población, generando un gran peso en la economía actual. Desde su perspectiva, cuando todos estos rasgos estén en su pleno apogeo, su principal cualidad será la virtualidad, entendida ésta, como una sociedad auténticamente virtual, en la que toda operación tiende a ser instantánea y global (Ídem, p. 22).

Por parte de José Terceiro, en alusión al digitalismo que está en ciernes; entiende que éste es el primer estadio de algo nuevo y diferente al capitalismo, en razón de que surge a partir de una serie de convergencias que dan cabida a una nueva forma de organización social y a una economía emergente, con un nuevo horizonte sociocultural (Terceiro y Matías, 2001). De allí que contempla diez tendencias que dan paso al digitalismo, a saber:

- cambio en las relaciones sociales, generando múltiples submodelos que hacen que todos se relaciones con todos. Cambia el modelo de producción, alterando la relación capital-trabajo por información-conocimiento, en un fin más humano y completo. Cambia la estructura económica; la globalización se digitaliza; la economía se transforma en economía digital o de la información; se rompen las fronteras dentro de un horizonte sin límites que abarca lo digital e inmaterial; se gesta una nueva dinámica espacial y temporal debido al digitalismo;

- otros espacios-tiempo tienen presencia real en las diversas manifestaciones de la vida social, cambiando las formas de vivir, sentir y pensar el mundo a partir de los sentidos; lo global se universaliza gracias a la creciente especialización científica que da vida a nuevas formas aún más sofisticadas de economías de la información; y de último, el gran reto del siglo XXI es el ser humano como ser que aprende: quien cambiará radicalmente.

Para Terceiro, las cinco primeras tendencias de este decálogo ya son de hecho presente en la llamada por él, sociedad digital, mientras que las restantes, apenas emergen y evolucionarán según se desarrolle el reciente digitalismo. Todas ellas, en sí mismas, son convergencias en iniciación: globalización; digital o tecnológica; sectorial y de redes; empresarial, financiera y de capital; cultural; reguladora e institucional; científica; política; poder; y ecológica.

A la postre, también se generan unos efectos que conducen al nuevo horizonte sociocultural, enmarcados por el autor como: nuevas formas de comunicación; nuevos códigos, nuevas redes; nuevas relaciones sociales; nuevas interacciones y nuevos actores; nueva racionalidad; nuevos modos de producción; nuevo capitalismo y nueva globalización; nueva economía-ciencia; nuevas prácticas empresariales: las "e-reglas"; nuevos mercados financieros; y nuevos modelos de negocio.

Colofón

Como se ha podido apreciar; si bien, todos estos autores señalados en los apartados anteriores, aluden a distintas maneras de presentar sus visiones sobre la sociedad de la información o como la quieran llamar, nos es menos cierto, que todos coinciden en afirmar que este tipo de sociedad ya está en proceso, y está transformando la estructura-funcional de la sociedad a ritmos acelerados, tanto como la vida del ser humano. Hay una convergencia significativa entre ellos, con relación a los cambios tecnológicos y sociales que se han venido gestando, gracias al motor de cambio, soportado en las tecnologías de información y comunicación, y a la naturaleza de esta sociedad que se abriga en el binomio información-conocimiento.

Es un tipo de sociedad nueva que no es sólo de naturaleza sociotecnológica, sino también de carácter sociocultural, sociopolítica y socioeconómica. Y una de las reflexiones lapidarias que mejor traduce esta imagen societal, fue la expresada por Nora y Minc en su discurso sobre la informatización de la sociedad en su publicación de 1978 (1981), cuando alegan que la informática, para bien o para mal, será uno de los principales factores del equilibrio entre la potestad del Estado y la profusión de la sociedad civil en las sociedades modernas (1981, pp. 9-10).

3

MIRADAS CRÍTICAS SOBRE LA SOCIEDAD DE LA INFORMACIÓN

Enfoque de la continuidad

No todo lo que se ha dicho sobre la sociedad de la información ha sido bien recibido en el discurso contemporáneo de algunos autores, quienes divergen de las posturas que prevalecen sobre este tipo de sociedad. Unos muy críticos, como en el caso de Frank Webster, presentan una serie de disyuntivas sobre la preeminencia de la sociedad de la información y su consecuente desarrollo, alegando razones de diferente naturaleza. Es así que Webster, paseándose por lo que ha sido la perspectiva sobre este acontecer escrito por renombrado autores, contrasta las posiciones de unos y otros, para argüir su posición al respecto. De tal manera que este autor en su obra titulada "Teorías sobre la sociedad de la información", en 1995, expone primeramente; los criterios que se han presentado para intentar caracterizar a la sociedad de la información, y luego, una síntesis crítica y reflexiva sobre distintas posturas relativas a la "explosión de la información" en la vida moderna, y su juicio, a favor de unas, y en contra de otras.

De tal suerte que para Webster, la sociedad de la información ha sido referida a cinco grandes dimensiones dentro de las cuales han intentado, a su entender, ubicarse de manera no excluyente, diferentes autores. Estas son: la tecnológica, económica, ocupacional, espacial y cultural.

En referencia al criterio tecnológico, Webster señala que pone especial énfasis en la innovación tecnológica. En ese sentido, la ruta tecnológica hacia la "sociedad de la información", es la convergencia e imbricación de telecomunicaciones y computación –como redes informáticas–, así como la mejora de la distribución y gestión de información (1995, p. 7). A Webster no le cabe duda de que aquí, hay una definición tecnológica que nace como resultado del impacto dramático de las tecnologías de información (TI) o como salida a un mayor incremento en el desarrollo del sistema de la Red Digital de Servicios Integrados (ISDN en inglés), percibidos como el principal rasgo característico del nuevo orden, y representando el establecimiento de una nueva época que constituye la "era de la información", la cual se presume, madurará en el siglo XXI (Ídem, p. 8).

Es por ello que el autor encuentra al menos, dos objeciones fundamentadas sobre esta definición que subraya a esta afamada sociedad. La primera se refiere al problema de medición de ésta sociedad y a la dificultad de estipular el punto sobre la escala tecnológica en la cual, la sociedad se juzga introducirse en una "era de la información", para distinguir a un nuevo tipo de sociedad. La segunda objeción, hace mención al determinismo tecnológico, que para él, es una sobre simplificación de los procesos de cambio que se relegan dentro de una división completamente separada de las dimensiones sociales, económicas y políticas de la innovación tecnológica, en vista de que a su juicio, está demostrado que la tecnología constituye una parte integral de lo social (Ídem, pp. 9 -10).

El segundo criterio hace hincapié en la importante cuantificación de la economía de la información que pone especial énfasis en la emergencia de una economía de la información y/o en el sector de información para considerar a una "sociedad de la información". De allí que Webster cuestione el hecho de que los economistas, solamente están interesados en el desarrollo cuantitativo que mide el sector de información, dado que el problema del valor cualitativo de la información, reside en la relevancia de saber construir categorías que pertenezcan al sector información y no a otro, o no colida con otro. Lo que a su entender, no deja de ser un problema, además de la interrogante que se plantea: ¿En qué punto de la curva gráfica de la economía comienza una sociedad de la información? (Ídem, p. 13).

En cuanto al tercer criterio, se enfoca sobre el cambio ocupacional –empleo– que envuelve la emergencia de una "sociedad de la información". Para Webster, se habrá logrado una "sociedad de la información" cuando el predominio de ocupaciones se encuentre en el trabajo de la información. Sin embargo, una de las objeciones generales a las medidas ocupacionales de la "sociedad de la información" que levanta el autor, involucra el problema metodológico de asignar trabajadores a categorías particulares, ya que cada ocupación involucra un significativo grado de procesamiento de información y de conocimiento. O sea, él repara que al categorizar, se debe juzgar hasta qué punto los trabajos se consideran informacionales o no, dado lo engorroso que puede ser diferenciar las principales dimensiones del trabajo en información. Persecución ésta, que cae también, dentro de una medida estadística –cuantificación– (ídem, pp. 14 - 16).

Con relación al cuarto criterio, se refiere al ámbito espacial que contempla a las redes de información que conectan a las localidades y en consecuencia, actúan sobre la organización del tiempo y del espacio. Así, Webster considera que la idea saliente es la información que circula a lo largo de las "superautopistas" electrónicas, a pesar de que piensa, que nadie ha sido capaz de cuantificar; cuánto y a qué proporción la información debe fluir a lo largo de estas rutas para constituir una "sociedad de la información". De este modo considera, que no se tiene un claro gráfico del tamaño, capacidad y uso de las redes. No obstante, reconoce que todas las observaciones indican un incremento masivo transfronteras de flujos de datos, de facilidades de comunicación, de comunicación entre computadores, de intercambio de mercancía entre mercados y segmentos corporativos, de acceso internacional a bases de datos, etc., (Ídem, pp. 19 - 20).

Y en cuanto al último criterio: la cultura; Webster tiene la concepción de que en esta definición, una "sociedad de la información" es quizás lo que más fácilmente se reconoce, debido al aumento extraordinario de la información en la circulación social. Ya que en la cultura contemporánea, existe un ambiente saturado por medios de comunicación, y donde el significado de la vida está esencialmente condicionado por la simbolización. Según cree él, es tal el reconocimiento de esta explosión de significados que tantos escritores conciben el hecho de que hemos entrado en una "sociedad de la información". Aunque comenta que raramente ellos intentan calibrar este desarrollo en términos cuantitativos, ya que más bien, empiezan por "clarificar" la condensación de "signos" en el presente que supera en mucho a cualquier época reciente (ídem, pp. 21- 22).

Así, al revisar en particular o en conjunto estas variantes definiciones sobre una "sociedad de la información", Webster advierte que son subdesarrolladas o imprecisas, debido a que al ubicarse en una concepción tecnológica, económica, ocupacional –relativo a lo profesional en información–, espacial o cultural, se encuentra con nociones muy problemáticas de lo que constituye, y cómo se distingue en general, a una "sociedad de la información" y en particular, a lo que se llama información (ídem, p. 24). Lo cual redunda en contrastar medidas referidas a lo cuantitativo frente a lo cualitativo para describir a la "sociedad de la información", en vista de que el sentido común que entiende el autor del término información es su significado, y a su juicio, las definiciones que ha revisado, la perciben de manera no significante.

En su opinión, cuando se trata de la búsqueda de la cantidad evidente y el crecimiento de la información, un amplio rango de pensadores, la conciben en los términos clásicos de la teoría de la información, que según él, tiene el problema crucial del significado, y de integrarlo a la pregunta sobre la calidad de la información (ídem, pp. 26 -27). Es así que observa que los estudiosos que comienzan haciéndose preguntas sobre el significado y calidad de información, tienen notablemente diferencias en sus interpretaciones con respecto a aquellos pensadores que operan con medidas cuantitativas y sin semántica (Ídem, p. 29). A partir de este enfoque metodológico, somete a consideración, las posturas de varios autores.

De la sociedad post industrial, plasmada por Daniel Bell, sostiene que todos los intentos del análisis significante del "post industrialismo", son similares a los intentos y propósitos de la "sociedad de la información". Aunque considera indudablemente que la información y conocimiento, y todos los sistemas tecnológicos que acompañan a la "explosión de la información", se han extendido cuantitativamente, con efecto en la vida diaria de las sociedades contemporáneas. No admite que esto sea visto como un convincente argumento que visualiza una señal de un nuevo tipo de sociedad, ni tampoco, avala que se ha demostrado la división de Daniel Bell de sociedad en separados terrenos, y su extensa división de la economía en sectores de empleo distintos. Para él, no hay ninguna nueva sociedad "pos-industrial", sino una resaltada continuidad del presente con el pasado (Ídem, p. 50).

Con relación al sociólogo británico Anthony Giddens y su idea de información, Estado-nación y la supervivencia, sobre la base de la obra escrita por éste en 1985, que titula "El Estado nación y la violencia", Webster observa que Giddens admitió que todas las sociedades, en cuanto forman Estados-nación, son "sociedades de la información" que realizan recolección rutinaria, almacenamiento y control de información sobre la población y recursos esenciales para su funcionamiento (Giddens, l985:178; en Webster, 1995, p. 52). Giddens suscribe que desde la Inglaterra del siglo diecisiete, y aún, cuando a finales del siglo veinte se esté entrando en la era de información, todas las sociedades modernas han sido "sociedades de la información" desde sus principios (Giddens, 1987:27; Op. Cit.).

Además, una característica resaltante es la referida al triangulo: Estado-nación, la violencia y la vigilancia que presenta ciertas peculiaridades relevantes de acuerdo con Giddens y señalado por Webster: un mundo moderno constituido por Estados-nación, creados en su mayoría dentro de escenarios y condiciones de guerra y sobre una defensa potencial que involucra cada vez más, a la mayoría de la sociedad. De este modo, la llamada "industrialización de la guerra" es un rasgo central del mundo moderno, en el cual hay enlaces entre la información, las tecnologías de información con los nexos Estado/ejército/industria. Y por supuesto, el incremento de sistemas de vigilancia por parte del Estado-nación para salvaguardar sus fronteras (Webster, 1995, pp. 59-65).

Y con el mundo moderno, la vigilancia corporativa ha crecido espacial, nacional y transnacionalmente, desarrollando el mercado, conectado en una red de computadoras, además, de que ha dado curso al desarrollo de la vigilancia de los clientes y, de hecho, del gran público (Ídem, p. 72).

Esto da pie a Webster para considerar que la teorización de Giddens, lo lleva a defender la idea de que la información tiene raíces históricas tan profundas, que se le puede conceder en estos tiempos, una especial significación. A tal punto, que no es posible marcar una ruptura con el sistema como la que concibe Daniel Bell con el "pos-industrialismo". Insiste Webster en afirmar que Giddens ofrece unos medios para presentar una perspectiva interesante de los orígenes, importancia y desarrollo de la información. Y que además, él responde mucho a lo que se puede llamar la "informatización" de la sociedad. Aparte de que cree que la extensión del capitalismo corporativo puede ser calificado no por la "información", sino por la "vigilancia de la sociedad" (Ídem, p. 73).

En cuanto a información y capitalismo avanzado se refiere, Herbert Schiller, economista, con cierta orientación marxista en norte América, es abordado por Webster, debido a su reconocimiento sobre la importancia del crecimiento de la información en la era actual y por su postura centralizada en la continuidad del desarrollo. Para Webster, éste autor señalado por él, refleja en su conocido enfoque de "economía política", un acercamiento a las comunicaciones y problemas de información. Cuando entiende que en la época actual del capitalismo; la información y la comunicación tienen una importancia pronunciada respecto a la estabilidad y salud del sistema económico (Ídem, p. 75).

Esto se aprecia en la cita que Webster precisa de Schiller: "Contrary to the notion that capitalism has been transcended, long prevailing imperatives of a market economy remain as determining as ever in the transformations occurring in the technological and informational spheres" [Contrariamente a la noción que el capitalismo ha sido transcendido, aún prevalecen imperativos de una economía de mercado que permanecen como determinando aun, las transformaciones que ocurren en las esferas tecnológicas e informacional" (traducción propia) (Schiller, 1981: xii; en Ídem, p. 76). Según lo que contempla Webster, sobre lo dicho por Schiller en referencia a la llamada "sociedad de la información", es que ésta conserva los elementos arquitectónicos importantes de los viejos rasgos del sistema capitalista, señalados a continuación.

El mercado informacional, donde la información es tratada como un artículo; desigualdad de información dado que hay que pagar por ella –hay "información de los ricos" e "información de los pobres"–; prioridades del capitalismo corporativo, expresadas en el terreno informacional, dado que la información y las tecnologías de la información se desarrollaron para lo privado además de lo público; el capitalismo corporativo va por todo el globo en la persecución de su negocio, soportado en una infraestructura de TIC´s sofisticada para sus actividades diarias, con una importante confianza en los flujos de información y sostenimiento internacional de la economía capitalista; y una expansión del consumismo debido a que el desarrollo informacional proporciona los medios para que las personas sean persuadidas a través de una barrera de información sostenida (ídem, pp. 76-95).

Es por ello que Webster le endosa al trabajo de Schiller, la idea de que entiende y explica la "era de la información" (Ídem, pp. 96-97), y en consecuencia el significado de la información. Razón para que Webster crea que Schiller comienza con lo real, sustantivo del mundo, en lugar de las "posibilidades tecnológicas" o con lo "imaginado para el futuro", al ofrecer una importante comprensión de dimensiones mayores del papel y significado de la información y de las TIC´s. Aparte que su atención sobre las desigualdades sociales revela que éstas no desaparecen en la "era de la información". Por el contrario, dejan ver que éstas, son claves determinantes de qué tipo de información es generada, en qué circunstancias, y a quién beneficia (Ídem, p. 100).

En base a la idea de gestión de la información y manipulación, el alemán Jürgen Habermas es traído a colación por Webster, debido a su enfoque sobre el declive de la esfera pública, a partir de su obra titulada "La Transformación Estructural de la Esfera Pública: una Consulta dentro de una Categoría de la Sociedad Burguesa", en 1989. En la cual, este autor argumenta que entre el siglo dieciocho y diecinueve en Gran Bretaña, la expansión del capitalismo permitió la emergencia de una esfera pública, cuyo subsecuentemente declive, sucede a partir de la mitad del siglo veinte. Al referirse a la esfera pública y al cambio informacional, Webster considera que la idea de la esfera pública ofrece una visión especialmente poderosa y notable del papel de la información en una sociedad moderna.

Es así que usa las ideas sobre la noción de la esfera pública de Habermas, como un medio de evaluación sobre la clase de información que ha habido en el pasado, cómo ha sido transformada, y en qué dirección puede que se mueva. También, observa que se ha introducido a consideración, dos áreas cruciales y conectadas: las instituciones de servicios públicos que están poniendo al descubierto su función informacional y el contexto de comunicaciones contemporáneas, que sugieren una cantidad creciente de inestable y distorsionada información que está siendo generada y transmitida (Ídem, p. 105). Para ello, maneja la tesis de que los enormes incrementos en las cantidades de información en la era moderna son de dudoso valor, en vista de que la calidad informacional es sospechosa en extremo.

Acota que cuando Jürgen Habermas se refiere al crecimiento en la "gestión de información", indica que éste la ve, como una señalización del declive de la esfera pública. En ese sentido, Webster piensa que Habermas es indiscutiblemente correcto al considerar la promoción de propaganda, persuasión y el manejo de la opinión pública, como evidencia de un cambio que esta fuera de la idea de un informado y razonable público, por otro que sigue una aceptación del mensaje y manipulación de la opinión pública por los especialistas en estos asuntos (Ídem, pp. 124-125). Esto supone, una socavación que experimentan las instituciones de servicios públicos y sus valores, aunada a una combinación de presión política y énfasis comercial (Ídem, p. 132).

Aunque la esfera pública es mucho más accesible en estos tiempos, no es menos cierto que el declive se refiera al uso y manejo de la información interesada e intencionalmente para inducir efectos deseados en las personas mediante las facilidades que presta la tecnología. Es por ello que para Webster, la noción de la esfera pública o el argumento de que está en declive, debe tenerse muy en cuenta, sobre todo, porque es en ésta, donde la opinión pública se forma, y la información juega un papel central. Sobre todo, porque según el autor, está bajo desafío, amenazada por una nueva definición de información que la caracteriza como algo a la que sólo se dispone en las condiciones del mercado (Ídem, p. 116).

Con respecto al tema de la información y la reestructuración, Webster describe la relaciones que se experimentan entre la mucha información y las tecnologías de información, en correlación, con los tremendos cambios que tuvieron lugar en un amplio frente, en las recientes décadas de finales de siglo veinte, y en la cuales, la información es una parte integral del proceso. De este modo, este autor se concentra en pensadores que pueden estar divididos, al menos por razones analíticas, en dos campos entrelazados; uno que sugiere que la manera de entender los desarrollos contemporáneos se concentran en lo que se refiere a un cambio de una era Fordista a una post-Fordista, y el otro, en la argumentación de que se está dejando atrás, un período de producción en masa y se está entrando en uno, en el cual, la especialización flexible esta predominando.

Es así que observa que los que apuntan al modo de acumulación, sugieren que el régimen Fordista de acumulación que sostuvo la oscilación desde 1945 hasta la mitad de los años setenta, se volvió insostenible, y con esa vacilante y considerable ruptura, está dando paso a un régimen pos–Fordista que pretende restablecer y sostener la salud de la empresa capitalista. En el centro de estos cambios, el autor infiere que estuvieron la gestión de información, la globalización como factor crucial que aceleró durante y desde los años setenta, y con ella, la expansión de las corporaciones transnacionales que han proporcionado los principales fundamentos de este fenómeno (Ídem, pp. 136-142).

Y desde luego, la reestructuración a que se sometieron las organizaciones –"downsizing"– para aumentar su capacidad de productividad, y la desintegración vertical de la corporación –"outsourcing"–, gracias a las TIC's en su ambiente en red, para permitir la coordinación y control de las actividades dispersadas. Lo que según el autor, subraya el papel elevado de la información en el nuevo régimen (Ídem, pp. 147-149).

No obstante, en opinión de Webster, los que aclaman tal pos-Fordismo como notablemente diferente de lo que ha venido sucediendo, caen a juicio de éste, en una congruencia irónica entre el pos-Fordismo y la teoría de la sociedad pos-industrial de Daniel Bell, con similares temas y tendencias. Para él, tienden a dar énfasis a una fuerte tendencia de la concepción del cambio por encima de la que otros consideran una continuidad de las relaciones sociales y de producción en la sociedad. Lo que a su manera de ver, simplifica demasiado los procesos históricos y sobreestima la presencia ininterrumpida de relaciones capitalistas a través del tiempo (Ídem, pp. 153-154).

En atención a lo relativo sobre información y el postmodernismo, Webster enfoca las discusiones sobre las relaciones entre estos dos términos, a la luz de lo que algunos pensadores hacen hincapié, cuando prestan atención particular a los aspectos informacionales del postmodernismo. Primeramente, Webster aludiendo al pos-modernismo, considera esto, como un asunto de cultura, auspiciado por un movimiento intelectual que anuncia algo nuevo. Un fenómeno que se encuentra en la vida cotidiana, advirtiendo una fractura con la modernidad misma, dado que la modernidad remonta sus comienzos, alrededor de la mitad del siglo diecisiete en Europa (Ídem, p. 165). Es así que según el autor, los pos-modernistas insisten que sólo se puede conocer al mundo a través del lenguaje. Y que los símbolos e imágenes –es decir, la información– es la única "realidad" que se tiene (Ídem, p. 175).

Sin embargo, para él, en un mundo informacional, contradictoriamente, no se tiene percepción de que se disfruta de información. Razón por la que Webster evoca lo dicho por Jean Baudrillard con relación a que la cultura contemporánea está llena de signos, para ser observados, experimentados y quizás disfrutados, pero sin significado. Lo que sugiere, un mundo postmoderno, donde todo es muy informacional (Ídem, pp. 176 -180). En atención de ello, Webster aludiendo al filósofo Gianni Vattimo, señala que éste piensa que el crecimiento de los medios de comunicación, ha sido especialmente importante, anunciando el postmodernismo. Idea que es congruente con la posición de Baudrillard (Ídem, p. 182).

Por otro lado, considerando a Mark Poster, el autor expresa que éste al aludir a la era postmoderna, la designa como un "modo de información" para hacer una distinción con relación a sociedades anteriores. En el sentido de que para Poster, la expansión de las tecnologías de información, y de la información mediática electrónica, tiene consecuencias profundas en el estilo de vida y sobre la manera en que se piensa actualmente, alterando la "red de relaciones sociales" (Poster, 1990: 8; en Webster, 1995, p. 182). Y en la misma tónica, Webster precisa del filósofo francés Jean Francois Lyotard, que se debe centrar la atención en las tendencias informacionales, sobre todo, en las consecuencias que genera la información/conocimiento, como fuerzas gemelas. Lo que a juicio de Lyotard, anuncia la emergencia de una condición postmoderna (Ídem, p. 183).

Todo ello, induce a pensar a Webster que la condición posmoderna a que hacen mención estos pensadores modernistas, es un producto del desarrollo a largo plazo de las relaciones capitalistas (Ídem, p.190). En consecuencia, Webster estima que estos connotados pensadores posmodernos proclaman una nueva primacía de la información y con ella, la llegada de un orden diferente en la sociedad al igual que la teoría del pos-industrialismo. Lo que a su juicio, tanto el postmodernismo como el post-industrialismo, no pueden ser sostenidos de cara al escrutinio empírico y teórico (ídem, p. 192).

Finalmente, con respecto a la información y el cambio urbano, Webster se centra en el estudio de Manuel Castells sobre la ciudad informacional que trata del cambio urbano. De esta manera, enfoca en varias dimensiones lo que Castells llama la ciudad informacional para examinar dos problemas en particular: primero, los cambios en las estructuras de clases de las ciudades que derivan de emprendidos procesos de reestructuración para enfrentar los desafíos de una economía globalizada, y, segundo, los asociados desarrollos culturales que algunos han sugerido; anuncian la llegada de la ciudad postmoderna (Ídem, p. 193). De allí que considere la tesis central de Castells como una combinación de la reestructuración capitalista y la innovación tecnológica, como un factor mayor que transforma la sociedad y los terrenos urbanos y regionales.

Inicia así, haciendo énfasis en lo que Castells ha señalado sobre la distinción del modo capitalista de producción y del modo informacional de desarrollo; de los flujos de información y su base, el desarrollo de redes de tecnologías de información (TI) alrededor del globo; la economía de la información global-local; lo espacial y la reducción de los lugares; los puntos nodales como centros nerviosos de la red, encontrados en ciertas ciudades metropolitanas; la conducta de la vida urbana y las disparidades sociales; y una nueva clase profesional de la gerencia que dominan la ciudad culturalmente (Ídem, pp. 194-210).

Si bien, Webster entiende que la ciudad informacional es la mayor contribución al pensamiento acerca del significado de la información en el mundo de hoy, no obstante, considera que el punto de partida teórico de Castells, y su confianza en el concepto de un "modo informacional de desarrollo", es desconcertante, por cuanto juzga a éste, flotando fácilmente en una forma de determinismo tecnológico similar a los que él llama los "tecno-propulsores" que insisten en que la "revolución de la información", transformará la manera en que nosotros vivimos. Aunque para Webster, el análisis sustantivo de la ciudad informacional de Castells está iluminando, particularmente, la identificación del cambio en las relaciones de clases y en un asociado proceso de polarización, sin embargo, estima que habría que preguntarse sobre el grado total de ciudades que conforman a este modelo, como también, precisar: ¿cuáles ciudades merecen tal designación? (Ídem, p. 213).

Al final, todas las consideraciones que Webster ha entablado, han sido dirigidas a examinar el significado de la información en la última década del siglo veinte. En ese sentido, observa que las interpretaciones sobre el papel e importancia de la información entre los diversos autores escudriñados, divergen ampliamente. No obstante, advierte un acuerdo general entre estos, con relación a la relevancia giratoria que tiene la información en los asuntos contemporáneos (Ídem, p. 215). Pero, deja correr una interrogante y una visión escéptica del concepto mismo de la "sociedad de la información", al disipar sus dudas sobre la exactitud del término. Es así que manifiesta que en los enfoques del cambio se hace referencia recurrentemente a la emergencia de una nueva forma de sociedad que marca una ruptura del sistema con todo lo que antes se ha hecho.

Dentro de los términos en los que se mueven los pensadores del cambio, están: del genérico "sociedad de la información" a la "sociedad post-industrial", el "postmodernismo", la "especialización flexible" y el "modo informacional del desarrollo". Al defender estos, la emergencia de una "sociedad de la información" –que ha llegado o está por llegar– Webster afirma que usan las explicaciones del determinismo tecnológico para referirse a la aparición de la nueva era, que a su juicio es una sobre simplicidad, al describir fenómenos que según ellos, caracteriza al nuevo orden. Entre estas, están las tecnologías de información, el valor económico de la información, el aumento en las ocupaciones de la información, la expansión de las redes de información, o simplemente un crecimiento explosivo en los signos y significados.

De manera que según Webster, los subscriptores de la noción de una "sociedad de la información" cuantifican algunos u otro de estos indicadores y entonces, sin justificación; exigen que estos elementos cuantificables señalen una transformación cualitativa: la emergencia de una "sociedad de la información" (Ídem, pp. 218-219).

Por el contrario, aquellos teóricos que consideran la "informatización" como la continuación de relaciones sociales preestablecidas: neo-marxismo(Herbert Schiller), la teoría regulatoria (Michel Aglietta, Alain Lipietz), la acumulación flexible (David Harvey), el Estado-nación y la violencia (Anthony Giddens) y la esfera pública (Jürgen Habermas, Nicolas Garnham), tienen para Webster aceptación, por sobradas razones. Primeramente, para él, tienen una mejor visión con relación a lo que se considera, está realmente sucediendo en el mundo, aparte de que a su entender, las proposiciones que presentan, soportan un escrutinio empírico.

Y en segundo momento; el hecho de que Schiller, Habermas y Giddens compartan la convicción de concebir a la informatización de las relaciones sociales –de la vida–, como un proceso que ha sido continuado durante varios siglos, pero que ciertamente se aceleró con el desarrollo del capitalismo industrial y la consolidación del Estado-nación en el siglo diecinueve y qué ha tenido una sobre marcha a finales del siglo veinte con la globalización, y especialmente, la expansión de las organizaciones transnacionales que han llevado a la incorporación de terrenos no tocados por el mercado mundial. En el entendido de que no alegan que nada ha cambiado, sino que por el contrario, el mismo hecho de que admitan la informatización de la vida social, revela su preocupación en reconocer los cambios que han tenido lugar. Y en tanto a que están promoviendo la información dentro de una fase más relevante que la previamente acontecida.

Desde esta óptica, Webster cree que cuando estos pensadores explican a la informatización, insisten en que es principalmente *un resultado y una expresión de lo establecido* y de una continuación de las relaciones. Situación que dejan ver cuando identifican las fuerzas que están conduciendo la informatización de la vida al enfocarse en el segundo milenio (Ídem, pp. 216-218). Según Webster, ellos tienen una comprensiva manera de entender a la información en el mundo contemporáneo, en razón de que se niegan a empezar con las medidas de lo abstracto de la "sociedad de la información" y de la información misma.

Todo ello, sin dejar de reconocer el aumento cuantitativamente enorme de las TIC´s, de la circulación de la información en las redes de información, pero como alude Webster, apartándose de conceptos desarraigados y asóciales para regresar al mundo real (Ídem, p. 219).

Al final del camino, esto es lo que da pie a Webster para enfatizar su preferencia por la extensiva informatización de las relaciones de la vida social, en oposición a lo que califica de prematura concepción de una "sociedad de la información".

Enfoque geopolítico

Un respetable autor que pone en tela de juicio el discurso contemporáneo que legitima la noción de la sociedad de la información es el francés Armand Mattelart, en su obra sobre la "Historia de la sociedad de la información", en 2002. Allí afirma que la noción de sociedad global de la información es el resultado de una construcción geopolítica. Situación ésta que según él, se ha venido dejando de lado por cuanto se le ha dado una atención desmedida a la ininterrumpida expansión de las innovaciones tecnológicas, sobre la base de una ideología que propulsa el paradigma dominante del cambio. Es así que

Mattelart, afirma que la idea de la sociedad de la información surge más bien como una alternativa a los dos sistemas antagónicos que se han estado confrontando, es decir, capitalismo y socialismo, durante la Guerra Fría.

La aparición de acuerdo con Mattelart, de la noción de sociedad de la información se empieza a formar a partir de la derivación de máquinas con capacidades inteligentes, puestas en funcionamiento en el transcurso de la Segunda Guerra Mundial (Mattelart, 2002, p. 12). Como bien expresa éste autor, el verdadero sentido geopolítico de la tan afamada nueva sociedad se empieza a vislumbrar en la proximidad del siglo XXI, con la llamada "revolución de la información" y la realidad de Internet como nueva red de acceso público (Ídem, p. 13). Si bien, piensa que la idea histórica de sociedad regida por la información, se remonta a los siglos XVII y XVIII, inspirado por la mística del número y la entrada de la noción de información en la lengua y en la cultura de la modernidad, habida cuenta de un modelo de racionalidad y acción útil que va en búsqueda de la perfectibilidad de una sociedad humana (Ídem, p. 15).

En esa misma tónica, Mattelart estima que la fascinación por la sociedad de las redes de la época contemporánea, a nivel planetario, es muy anterior a lo que se ha convenido en llamar "revolución de la información", por cuanto a su juicio, ya Paul Orlet había anticipado la idea de red de redes por allá en el año 1934, con su visión arquitectural de una "red universal de información y bibliotecas" (Ídem, p. 51). Como también, mucho antes, agrega este autor, un hindú formado en Inglaterra, de nombre Ananda K. Coomaraswamy, en 1913, acuñó el calificativo de "postindustrial". Término que en un contexto distinto, resurge en los años sesenta en manos de Daniel Bell (Ídem, p. 53).

Y así sucesivamente, argumenta toda una serie de consideraciones para desestimar las ideas de sociedad de la información. Algunas contundentes para sostener el argumento de la geopolítica que según comenta Mattelart, son elaboradas dentro del escenario de la segunda guerra mundial por parte de los norteamericanos, no sólo en estrategias para dominar la guerra, sino después de esta, para combatir y erradicar las ideas comunistas y a los Estados-nación que promulgan esta ideología. Esto pues, comienza en 1947 en USA, con la sinergia entre científicos, sector privado y la defensa Norteamericana para dar cabida a todo un emporio militar-industrial (Ídem, pp. 56-57). De esta manera, empieza a planificarse la sociedad del futuro.

A fines de la guerra como relata el autor, el departamento de Estado apunta sus baterías para legitimar entre los organismos de las Naciones Unidas su doctrina del libre flujo de la información. Ya entrados los años setenta, una vez alcanzada la carrera espacial y el acercamiento norteamericano-soviético, subraya Mattelart; "la conversión civil de las tecnologías servirá de soporte al slogan de la `revolución de las comunicaciones´" (Ídem, p. 64). Y con ello, después, el paradigma de la "información" y la consecuente idea de la medición de la economía de la información. Por supuesto, sobre la base de las TIC´s (Ídem, pp. 65-69). Esto hace que se vea a la "Sociedad de la información", según plantea Mattelart, como un mero concepto instrumental que desdice de su imagen sociopolítica de un nuevo mundo en curso (Ídem, p. 72).

En todo caso, lo que se ventila es una sociedad funcional que lleva al mundo hacia la "occidentalización" (Ídem, p. 89), dentro de lo cual, es la sociedad norteamericana la que lleva la voz cantante, ya que según Mattelart, es la que más se "comunica" con el resto del mundo, propulsa la revolución tecnotrónica y a su vez, es la "primera sociedad global de la historia", incitando a las otras naciones avanzadas a alinearse con su línea innovadora y su forma de organización social (Ídem, p. 100). Es así que la idea de sociedad de la información empieza a tomar forma dentro de organismos internacionales como la Organización de Cooperación y Desarrollo Económico (OCDE), en 1975. Y más tarde, en el seno de la UNESCO.

Según Mattelart, se abre un compás en los años ochenta que constituye un periodo-bisagra que conlleva entre otros; abrir sin restricciones el espacio mundial a los movimientos de capitales, desreglamentación de la esfera financiera, y la liberalización de las telecomunicaciones sobre un fondo de cambio tecnológico (digitalización, redes de alta velocidad, optoelectrónica, aumento de la capacidad de las memorias y reducción de costos), entre otros (Ídem, pp. 117-121). Como observa éste autor, desde 1987, empieza una serie de publicaciones e iniciativas; primeramente en la Unión Europea, luego Estados Unidos, la ONU, el G7, y así sucesivamente, se va expandiendo el discurso a nivel mundial de la "Sociedad de la información global", de "una nueva economía de la información", la liberación de las telecomunicaciones, etc., (Ídem, pp. 212-127).

Todas estas series de circunstancias, indican a Mattelart, la dirección que va tomando un proyecto geopolítico, auspiciado por el paradigma tecnoinformacional, cuya función persigue la "reordenación geoeconómica del planeta en torno a los valores de la democracia de mercado y en un mundo unipolar" (Ídem, p. 135). Así comenta el autor que unas tres décadas después de los análisis de Zbigniew Brzezinski sobre el advenimiento de la era tecnotrónica, se impone el concepto de la "diplomacia de las redes", el nuevo poder sobre la libre información por parte de los medios de comunicación, la estrategia de la "guerra red" (en inglés, Netwar), la "guerra de la información" por parte de la armada norteamericana para intervenir en las redes informáticas internacionales, y la noción de "interés nacional norteamericano" como cabeza de "sistema de sistemas" en base a una idea de "estrategia de seguridad global" que incorpora la extensión del modelo universalista de la "Democracia del mercado libre", entre otros.

De este modo, percibe Mattelart que estos y otros hechos, confirman en el terreno, la "supremacía norteamericana en el ámbito de las tecnologías de la información" que como mencionan los Consejeros de la Casa Blanca, es el único que está en capacidad de llevar a cabo la "revolución de la información" (Ídem, 136-139). Ya en la entrada del tercer milenio, o del siglo XXI, los miembros del grupo de los ocho (G8), han acordado su firme propósito sobre la construcción de la sociedad global de la información en diferentes escenarios (Ídem, pp. 156-157).

En definitiva, para Mattelart, el análisis retrospectivo que suelen tener los partidarios de la sociedad de la información, se refiere cuanto mucho, a unas dos décadas. Lo que a su juicio, es un tiempo muy corto para asumir una "patente de novedad, y por tanto de cambio revolucionario". Por lo que estima que lo que acontece es producto de las evoluciones estructurales y procesos que se vienen causando desde tiempo lejanos (Ídem, p. 163). De modo que para él, lo que ocurre es una occidentalización del mundo, y no un milenarismo tecnoglobal (Ídem, pp. 162-164).

Desde esa perspectiva, Mattelart entiende que la noción de sociedad de la información es un proyecto que se construye sobre "el mito de que va a beneficiar a la gran mayoría" (Ídem, p. 166), y que además, "la sociedad global de la información es un reto geopolítico" y está envuelta bajo "una doctrina sobre las nuevas formas de hegemonía", sostenida en las TIC´s, y manifestada sobre la base de una triple revolución: diplomática, militar y gerencial, con un componente ideológico que se reduce al mercado (Ídem, pp. 166-168).

Si hay algo que acepta Mattelart es que los intersticios de la vida cotidiana e institucional están siendo penetrados por las tecnologías de información y comunicación, aunque piensa que es imprescindible plantearse opciones, tanto para apropiarse de la tecnología como oponerle un modelo alternativo a la sociedad de la información que no esté sujeto, a los usos de las TIC´s solamente, sino, a proyectos sociales, para no caer en lo que considera a la sociedad de la información: un proyecto que se parece "a una tecnoutopía, a un determinismo tecnomercantil" (Ídem, p. 169).

Colofón

Ya se ha visto la impresión que algunos connotados autores tienen sobre el discurso de la sociedad de la información, los cuales comparten en contrario, la idea de la gestación de éste tipo de sociedad que los tildados de propulsores, suponen que está en marcha. Es así que las posturas tanto de Webster como de Mattelart, coinciden en la continuidad de las relaciones sociales, con la impronta de la informatización de las relaciones sociales y de producción –vida social–. Esto es visto como un proyecto societal sustentado como en el caso de Mattelart, en una estrategia geopolítica puesta en marcha desde los años setenta del siglo pasado y que queda claramente evidenciada a comienzos del siglo veintiuno.

No obstante; los autores, más allá de lo que se ha expresado, no cierran categóricamente la idea de una sociedad futura cuyas condiciones superen la construcción de una sociedad tecnomercantil que aglutine a la mayoría dentro de un escenario más armónico y social, político, económico y cultural. La concepción de esta nueva sociedad se debe construir progresivamente, pero teniendo presente un nuevo modelo de desarrollo y sociedad más justa e igualitaria.

4

CARACTERIZACION DE LA SOCIEDAD DE LA INFORMACION

Aproximaciones conceptuales sobre la sociedad de la información

Como quiera que cada quien interpreta el fenómeno, la idea o supuesto de una sociedad de la información en franco proceso de desarrollo, viene a bien, explotar una aproximación conceptual del término. Para ello, navegamos a través de un caudal de nociones que pretendidamente tratan de describir a la mencionada sociedad. Es por esto que a continuación se presenta un arsenal con las más significativas aproximaciones donde adquiere sentido, ésta representación polisémica:

Cuadro nº 1. Conceptuosos diversos sobre la sociedad de la información

AUTOR	CONCEPTO	AÑO
Yoneji Masuda	"Sociedad que crece y se desarrolla alrededor de la información y aporta un florecimiento general de la creatividad intelectual humana, en lugar de un aumento en el consumo material"	1980
Herbert Schiller	"Lo que se llama `sociedad de la información´ es, de hecho, la producción,	1981

	procesamiento, y transmisión de una muy grande cantidad de datos sobre todas las clases de materias -individual y nacional, social y comercial, económica y militar. La mayoría de los datos son producidos para satisfacer necesidades muy específicas de súper-corporaciones, burocracias gubernamentales nacionales, y los establecimientos militares del estado industrial avanzado"	
Raúl Trejo	"La Sociedad de la Información, más que un proyecto definido, es una aspiración: la del nuevo entorno humano, en donde los conocimientos, su creación y propagación son el elemento definitorio de las relaciones entre los individuos y entre las naciones"	1996
Libro verde sobre la Sociedad de la Información en Portugal	"El término Sociedad de la Información se refiere a una forma de desarrollo económico y social en el que la adquisición, almacenamiento, procesamiento, evaluación, transmisión, distribución y diseminación de la información con vistas a la creación de conocimiento y a la satisfacción de las necesidades de las personas y de las organizaciones, juega un papel central en la actividad económica, en la creación de riqueza y en la definición de la calidad de vida y las prácticas culturales de los ciudadanos".	1997
Comisión europea	"aquella sociedad donde tecnologías de transmisión y almacenamiento de información y de datos, de bajo costo, están siendo utilizadas. Esta generalización en el uso de la información y de los datos, está siendo acompañada por innovaciones organizacionales, comerciales, sociales y legales que están cambiando profundamente la vida tanto en el mundo del trabajo como en la sociedad en general"	1997
Luís Joyanes	"La sociedad de la información se caracterizará por la infinidad de posibilidades que la informática y las autopistas de la información aportarán a la vida de los ciudadanos"	1997
Francisco Aguadero	"Prácticamente, la sociedad en la que ya vivimos... Ello es debido al avance, al salto cualitativo que posibilitan las nuevas tecnologías de la información y de la comunicación... En definitiva, cambian las bases materiales de nuestras vidas, y en consecuencia, cambia la sociedad"	1997
Reino Unido	"Entorno en el que la información es un factor clave del éxito económico y en el que se hace un uso intenso y extenso de las	1998

	Tecnologías de la Información y de las Comunicaciones"	
Manuel Castells	la nueva sociedad que surge como "sociedad informacional" con implicaciones similares para la economía informacional, en razón del significado que le asigna al terminó "informacional". Este último, indica el atributo de una forma específica de organización social en la que la generación, el procesamiento y la transmisión de la información se convierten en las fuentes fundamentales de la productividad y el poder, debido a las nuevas condiciones que surgen en este periodo histórico.	1999
Comisión Presidencial de Nuevas Tecnologías de Información y Comunicación, Chile	"Se trata de un sistema económico y social donde la generación, procesamiento y distribución de conocimiento e información constituye la fuente fundamental de productividad, bienestar y poder... El fundamento de la sociedad de la información consiste en la emergencia de un nuevo paradigma técnico-económico, cuyo soporte básico lo constituyen las nuevas tecnologías"	1999
Gobierno Vasco	"Se entiende por Sociedad de la Información aquella comunidad que utiliza extensivamente y de forma optimizada las oportunidades que ofrecen las tecnologías de la información y las comunicaciones como medio para el desarrollo personal y profesional de sus ciudadanos miembros"	2000
Gobierno de la Rioja, Consejería de Desarrollo Autonómico y Administraciones Públicas	"En la Sociedad de la Información y el Conocimiento están emergiendo nuevos servicios -centrados en la comunicación y en las tecnologías de la información- y, en consecuencia, nuevos escenarios que se caracterizan porque enfatizan las actividades humanas de la sociedad y producen una aceleración en los cambios económicos y sociales"	2000
Gobierno de Canarias, Consejería de Presidencia	se caracteriza por "el uso intensivo de las nuevas tecnologías en todos los sectores sociales y económicos, como herramientas para lograr la modernización de los mismos, la competitividad y el desarrollo auto sostenido del Territorio, modernizando la industria tradicional (industria del átomo) y la Administración, creando nuevos sectores productivos (industria del bit) y en general, mejorando la calidad de vida de los ciudadanos"	2000
Ministerio de Ciencia y Tecnología de	"Representa un profundo cambio en la organización de la sociedad y de la economía, habiendo quien la considere un	2000

Brasil, en el libro Verde.	nuevo paradigma técnico económico. Es un fenómeno global, con elevado potencial transformador de las actividades sociales y económicas, una vez que la estructura y la dinámica de esas actividades que inevitablemente serán, en alguna medida, afectadas por la infraestructura disponible de informaciones. Es también acentuada su dimensión político-económica, resultante de la contribución de la infraestructura de informaciones para que las regiones sean más o menos atrayentes con relación a los negocios e iniciativas... Tiene todavía una señalada dimensión social, en virtud de su elevado potencial de promover la integración, al reducir la distancia entre personas y aumentar su nivel de información"	
Telefónica de España	"Estadio de desarrollo social caracterizado por la capacidad de sus miembros (ciudadanos, empresas y Administración Pública) para obtener y compartir cualquier información, instantáneamente, desde cualquier lugar y en la forma que se prefiera"	2001
CEPAL (Comisión Económica para América Latina y el Caribe), en Globalización y desarrollo (LC/G.2157(SES.29/3)),	"El marco conceptual utilizado por la CEPAL se basa en las características generales de las tecnologías de la información y las comunicaciones (TIC) y del proceso de digitalización resultante, que son el núcleo de este paradigma emergente"	2002
Juan Angie, Jorge Halpern y Naum Poliszuk	"Con este nombre se quiere proclamar que estamos saliendo de la Sociedad Industrial y entrando en otra Sociedad, distinta, diversa, multiforme". "La SOCIEDAD DE LA INFORMACIÓN es el comienzo de un nuevo estadio de la sociedad humana. Es el producto del desarrollo de la cultura humana, un proceso inevitable, irreversible, que condiciona toda la vida laboral, social, cultural, económica, política, familiar".	2005
Pere Marquès	"La cambiante sociedad actual, a la que llamamos sociedad de la información, está caracterizada por los continuos avances científicos (bioingeniería, nuevos materiales, microelectrónica) y por la tendencia a la globalización económica y cultural (gran mercado mundial, pensamiento único neoliberal, apogeo tecnológico, convergencia digital de toda la	2005

	información..."). Cuenta con una difusión masiva de la informática, la telemática y los medios audiovisuales de comunicación en todos los estratos sociales y económicos"	
Argentina, Municipio San Martín de los Andes	"Se llama Sociedad o Era de la Información a la utilización masiva de herramientas electrónicas con fines de producción, intercambio y comunicación. Estas herramientas son conocidas como Tecnologías de la Información y las Comunicaciones (TICs)"	2005
Kofi Annan, Secretario de la ONU, segunda fase de la CMSI, 16-18 de noviembre de 2005, Túnez	"una sociedad que amplíe, fortalezca, alimente y libere la capacidad humana, permitiendo el acceso de la población a las herramientas y tecnologías que necesita, con la educación y la formación necesarias para utilizarlas eficazmente".	2005

Fuente: diversos autores

Todo parece indicar que es la década de los noventa del siglo pasado cuando cobra mayor notoriedad la propulsión de la sociedad de la información en diferentes escenarios. Como se ha podido apreciar, la noción de sociedad de la información es aun, un tanto metafórica y emblemática, y desde luego, adquiere una contextualización distinta según cada quien la mire desde la óptica que causa mayor repercusión en sus sentidos. Yace aquí, un río de conceptualizaciones que pretenden circunscribir a la sociedad de la información dentro del sendero de una o más combinaciones de lo sociotécnico, socioeconómico, sociopolítico o sociocultural. Lo que manifestadamente, reafirma la imperiosa necesidad de labrar aún más, un término que a todas luces no está acabado, por lo que se somete a discusión en la actualidad.

Hecho que respalda Reusser, en la Revista de Derecho Informático, cuando afirma que "cada una de estas conceptualizaciones responden a cosmovisiones diferentes y explican el fenómeno desde una particular perspectiva; y cada una de ellas será más o menos aplicable dependiendo del ámbito específico al cual tratemos de aplicar el concepto" (2006, en www.alfa-redi.org).

Tanto es así, que la CEPAL lo cataloga como muy complejo y con un nivel de desarrollo incipiente. De allí que recomiendan a la comunidad intelectual que se encargue de reducir tal complejidad mediante un proceso de abstracción que permita expresar la "realidad" paradigmática, en términos de entidades concretas e interrelaciones. Por ello, dentro de tantas aproximaciones al respecto, asumimos el reto de plasmar lo que a nuestro accionar es una conceptualización que las encierra a todas las anteriores, dentro de los fines que adquiere la configuración de una sociedad de la información a inicios del siglo XXI.

- *La sociedad de la información* se puede considerar sistémicamente como una *sociedad estructuralmente-funcionalista, compleja, heterogénea, abierta y en movimiento, problemática, contradictoria, y multi-dimensional de gran impacto*, creando nuevas relaciones sobre aspectos dimensionales que llevan implícito *información, comunicación, tecnología y conocimiento*, gravitando alrededor de la revolucionaria *tecnología de información y comunicación*, y haciendo evolutivamente posible la *informatización de los procesos de gestión* en la sociedad, de acuerdo a sus expresiones políticas y económicas, culturales-institucionales y tecno-particulares, con sus limitaciones y situación diferencial. Así, ésta sociedad se construye y se observa a sí misma, de forma autoorganizativa y autopoiética.

Dinámicamente, la sociedad de la información se manifiesta sistémicamente en diferentes dimensiones funcionales a saber: *económicas*, gracias a una economía que se considera digital soportada en redes informáticas, con una mayor productividad, y poder de registro y procesamiento de información. En lo *social*, mediante nuevas relaciones sociales que impactan la vida de la gente, de la organizaciones, de las instituciones, gracias al binomio información-conocimiento. En lo *político*, mediante nuevas formas de agrupación y participación ciudadana, y de acción política interactiva. En lo *cultural*, mediante las representaciones gracias a la comunicación de símbolos, signos y significados, producto de nuevos medios de interacción comunicacional. En lo *tecnológico*, gracias a la innovación y el emprendimiento que ha hecho posible una infraestructura que se soporta en las nuevas tecnologías de la información y comunicación cada vez más versátiles, garantizando apropiados flujos de información.

De acuerdo a lo dicho anteriormente, la manera de ver el proceso de desarrollo de la sociedad de la información, sigue la visión sistémica reflejada en la próxima Figura. En ella, la interpretación dominante se reduce a la información como insumo que alimenta la informatización, entendida ésta como el *conjunto de actividades vinculadas con el uso eficiente y eficaz de la tecnología de información y comunicación mediante los métodos y procesos informáticos, con la intención de satisfacer las necesidades de procesamiento y obtención de la información dentro del sistema social de gestión de información al que el usuario final este inmerso, se adhiera o la solicite* (Nuñez, 2007), y que a su vez, facilita la gestión de información que se entiende como *el manejo de la inteligencia corporativa de la organización en términos de eficiencia y eficacia para cumplir con los propósitos organizacionales y/o institucionales* (Páez, 1990).

Figura n° 1. Visión sistémica sobre el desarrollo de la sociedad de la información

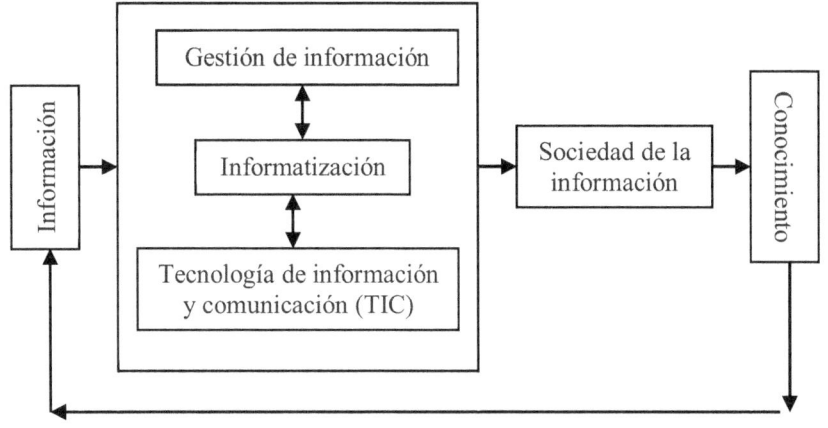

Fuente: deducción propia

Está dinámica, se ejecuta sucesivamente, de manera autoorganizativa y autopoiética, expandiéndose siempre a nivel dimensional dentro de una concepción de sociedad de la información que se dirige a la consumación de la generación de conocimiento, como grado superior de la mencionada sociedad, que algunos pretendidamente, la suelen llamar "sociedad del conocimiento".

De tal suerte, la sociedad de la información, considerada un nuevo modelo de organización social que impacta en las dimensiones de la sociedad de diferente manera, se encuentra en el centro de la discusión contemporánea sobre la sociedad del siglo veintiuno. Y no es posible desvincularse de tal propósito en la sociedad mundial-local, dada la dinámica planetaria.

Algunos modelos sobre la sociedad de la información

Quizás, quien tuvo la previsión de referir el primer modelo de cómo transita y se construye la sociedad de la información fue Masuda. Al presentar la imagen de ésta sociedad (Figura nº 2) a comienzos de la década de los años ochenta en el siglo pasado, para describir una sociedad que se desarrolla alrededor de las tecnologías de información y comunicación, y los sistemas de información social que dan cabida a la informatización de la sociedad. A través diversos cambios tanto tecnológicos como sociales que modifican la estructura social, en una dinámica de tiempo y espacio. Generando nuevas relaciones sociales y de producción, recurrentes y recursivas, dentro de un orden estructural-funcional, dirigidas a una futurización social más socio-técnicamente humana. Con la impronta de valores morales y éticos que catapultan a reencontrarse con la vida colectiva, si se quiere de la manera cristiana originaria.

En el primer triangulo de la Figura nº 2, se observan las relaciones entre las necesidades *de realización* del hombre que consisten en que se satisfagan de manera individual y colectiva, las necesidades humanas dentro de un escenario de vida plena material-espiritual. Con la idea de "que todo el mundo viva una vida que merezca la pena vivirse". Y en sintonía con el *sinergismo* que comprende un nuevo principio social común entre el desarrollo de un nuevo orden social, activo, cooperativo, dinámico, y las comunidades voluntarias. Caracterizadas estas, por un objetivo común de vida, controlando su propia acción, dentro de un espacio temporal-territorial. Y lo atinente a la *capacidad de producción de información* referida a la utilización compartida de información-conocimiento-tecnología.

En el aspecto que comprende los rectángulos, del lado derecho de la Figura, se representa lo atinente, a un desarrollo más ex profeso de las características predominantes de ésta futura sociedad auspiciada por la revolución de la información. Soportada en la computación más las redes de comunicación, en sintonía con el globalismo que es el espíritu de los nuevos tiempos globales de información y comunicación, y en armonía con la simbiosis hombre-naturaleza. Y un nuevo valor temporal que hace referencia al uso del tiempo del ser humano, más libre, equitativo, con el objetivo común de vida en conjunto, del tiempo futuro con conciencia objetiva.

Figura n° 2. Imagen sobre la sociedad de la información de Masuda

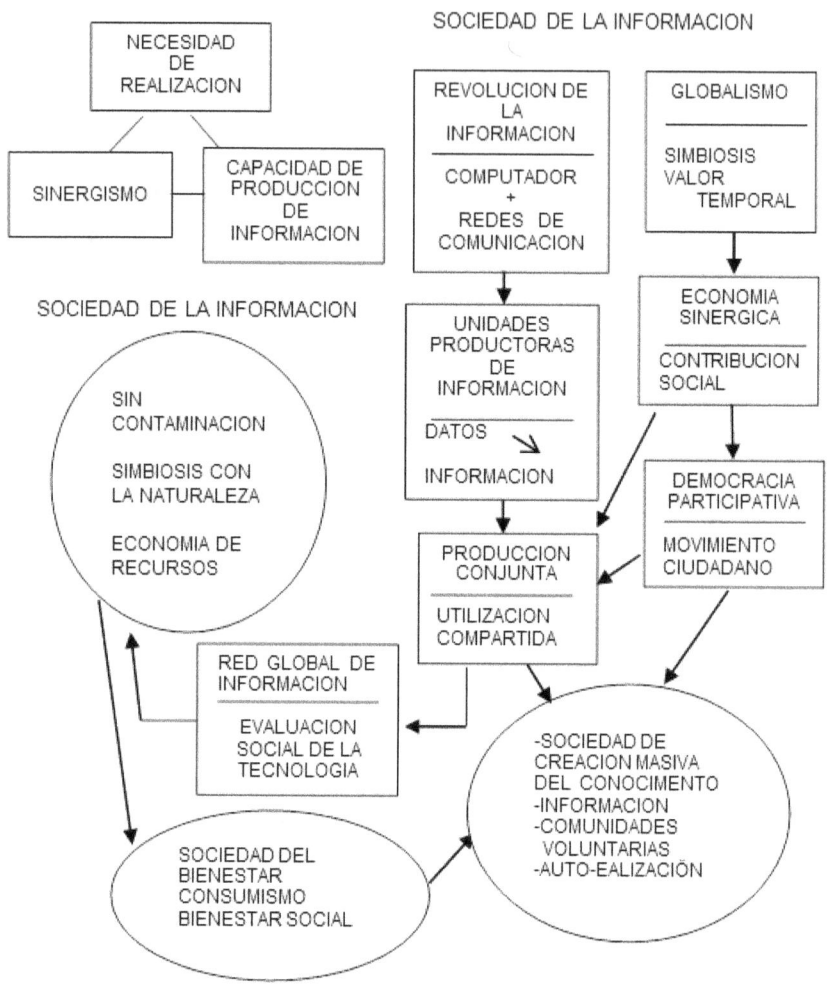

Fuente: Yoneji Masuda, 1984

Las unidades productoras de información se refieren a las infraestructuras de información que soportan, tanto datos como información dentro de plataformas de tecnologías de información conectadas en redes, y en sintonía con una economía sinérgica que es una economía centrada en la información como producto económico; como objeto de consumo y de valor de producción, y cuya contribución social, debe estar dirigida a fortalecer tanto la producción conjunta como la democracia participativa. Esta es referida a nuevas formas de participación ciudadana gracias a las tecnologías de información y comunicación, en todos los aspectos de la vida individual y colectiva, dando cabida a una utilización compartida del tiempo social. De esta manera, las TIC´s, integradas en redes globales, deben estar al servicio de lo social.

En cuanto al triangulo que representa los círculos, se puede observar los frutos esperados de esta sociedad de la información, como son: una sociedad sin contaminación, en una completa simbiosis con la naturaleza-hombre, y dentro de una economía de recursos que separa la producción y el consumo. Y que mira a una sociedad de bienestar social con tiempo libre –ocio– para dedicarse a nuevas realizaciones temporales, y que se dirige hacia un nivel superior que se advierte como "la sociedad de creación masiva de conocimiento". Cuyo núcleo se sostiene en las comunidades voluntarias, y en donde cada individuo, crea conocimiento y persigue su auto realización.

Por otro lado, los cuadros (nº 2, nº 3, nº 4) que se refieren a la comparación entre los modelos de desarrollo de la sociedad industrial frente a la sociedad de la información a que hace referencia Masuda, delatan de manera más expedita, las diferencias significativamente importantes. Partiendo de un análisis histórico entre estas dos grandes tipos de sociedades, más allá de cómo se vislumbra en la Figura nº 2, en función de tres grandes aspectos: la innovación tecnológica, la estructura socio-económica y los valores que las sostienen. De allí se puede observar, lo que supone transitar de una sociedad a otra, en base a la composición mínima que supone Masuda.

Cuadro nº 2. Comparación entre los modelos de sociedad industrial y sociedad de la información a nivel de innovación tecnológica

Innovación Tecnológica	Sociedad industrial	Sociedad de la información
Núcleo	Máquina de vapor (energía)	Computador (memoria, cálculo, control)
Función básica	Sustitución, amplificación del trabajo físico	Sustitución, amplificación del trabajo mental
Fuerza de producción	Fuerza productiva material (aumento de producción per cápita)	Fuerza de producción de información (aumento en las capacidades óptimas de acción-selección)

Fuente: Yoneji Masuda, 1984

Cuadro nº 3. Comparación entre los modelos de sociedad industrial y sociedad de la información a nivel de valores

Valores	Sociedad industrial	Sociedad de la información
Valor social	Valor material (satisfacción de las necesidades fisiológicas)	Valoración del tiempo (satisfacción de necesidades de consecución de objetivos)
Patrones éticos	Derechos humanos fundamentales, humanidad	Autodisciplina, contribución social
Espíritu de la época	Renacimiento (liberación humana)	Globalismo (simbiosis entre el hombre y la Naturaleza)

Fuente: Yoneji Masuda, 1984

Cuadro n° 4. Comparación entre los modelos de sociedad industrial y sociedad de la información a nivel de estructura socio-económica

Estructura socio-económica	Sociedad industrial	Sociedad de la información
Productos	Bienes y servicios	Información, tecnología, conocimiento
Centro de producción	Fabrica moderna (maquinaria, equipos)	Información (redes de información, bancos de datos)
Mercado	Nuevo mundo, colonias, poder adquisitivo del consumidor	Ampliación de las fronteras del conocimiento, espacio de la información
Industrias principales	Industrias de fabricación (industria de la maquinaria, industrias química)	Industrias intelectuales (industria de la información, industria del conocimiento)
Estructura industrial	Industrias primarias, secundarias y terciarias	Estructura industrial matriz (industrias primarias, secundarias, terciarias y cuaternarias)
Estructura económica	Economía de bienes (división del trabajo. Separación de producción y consumo)	Economía sinérgica (producción conjunta y utilización compartida)
Principio socio-económico	Ley del precio (equilibrio entre la oferta y la demanda)	Ley de los objetivos (principio de realimentación sinérgica)
Sujeto socio económico	Empresa (empresa privada, pública o del sector terciario)	Comunidades voluntarias (comunidades locales y comunidades unidas por la información)
Sistema socio-económico	Propiedad privada del capital, iniciativa libre, maximalización de los beneficios	Infraestructura, principio de sinergia, prioridad del beneficio social
Objetivo nacional	BNB (Bienestar Nacional Bruto)	SNB (Satisfacción Nacional Bruta)
Forma de Gobierno	Democracia parlamentaria	Democracia participativa
Fuerza de cambio social	Sindicatos, huelgas	Movimientos ciudadanos, litigios
Problemas sociales	Desempleo, guerra, fascismo	Shock del futuro, terror, invasión de la intimidad
Estado más avanzado	Consumo masivo	Creación de conocimiento masivo

Fuente: Yoneji Masuda, 1984

Por su parte, Alfonso Cornella, presenta en su página web (http:://www.lnfonomics.net/cornella/ainfost.pdf.es) y al igual que en su libro "Infonomia!com", del 2000, unas interesantes ideas sobre la conformación de un modelo sobre la sociedad de la información. Aquí hace apreciaciones sobre la consecución de una sociedad de la información, para referirse a que ésta no se garantiza automáticamente con el desarrollo de la infraestructura de telecomunicaciones, sino que requiere la intervención de un factor multiplicador, de nivel superior que él denota como "la infoestructura".

Convencido como ésta, de la entrada ya de una sociedad de la información, presenta su visión de Informatización versus informacionalización, para aclarar que el crecimiento importante del sector de las tecnologías de la información *(informatizació*n) explica la evolución positiva de la economía, así como también, la importancia creciente de la información, y su explotación como recurso económico *(informacionalizació*n).

Según esto, *podría ser* que la economía crezca, no tanto porque aumenta el *impacto de las tecnologías de la informació*n, sino, porque aumenta el *valor de la información* (las ideas, los conocimientos, la inteligencia) como bien económico capital. Todo esto para referirse a la economía de la información frente a la sociedad de la información como tesis principal de que: la consecución de una *economía de la información* no garantiza que se desarrolle una *sociedad de la información*. De este modo, aclara que un país puede desarrollar un potente sector de la información sin que se informacionalice la sociedad, es decir, sin que se desarrolle una *cultura de la información*.

Y al revés, una sociedad puede estar constituida por *ciudadanos y organizaciones informacionalmente culta*s, sin que ello conlleve automáticamente, al surgimiento de una economía de la información. Precisamente, para él, el término *cultura de la información*, es el factor que permite a una economía de la información desarrollarse hacia una sociedad de la información. De aquí que propone una primera ecuación tentativa de la sociedad de la información que expresa como:

(Economía de la información) x *(Cultura de la información)* = *Sociedad de la información* o literalmente como $E \times C = S$.

La interpretación que se puede obtener es que expresa una especie de balanceo ponderado entre los dos parámetros precisados. Y esto es así, por cuanto a su juicio, podría ocurrir un caso donde el factor *E* (economía de la información) pueda tener un valor importante, mientras que

C (cultura de la información) lo tiene bajo, incidiendo la cultura de la información como un factor de atenuación de la economía de la información en su camino hacia la sociedad de la información.

A partir de estas nociones, el autor se replantea la "ecuación fundamental" en términos de dos conceptos que según él, deben complementarse de cara a conseguir una sociedad de la información. Primeramente, la *infraestructura* abarca lo que denomina "economía de la información", es decir, primordialmente, una industria potente en el sector de la información (contenidos, distribución, proceso de información). Y secundariamente, a su sentir, la muy importante *infoestructura* derivada de la idea de que la riqueza de un país con infraestructura no se genera como simple consecuencia de tenerla, sino de usarla, de explotarla. Por lo tanto, la infoestructura para Cornella, es todo aquello que permite sacar rendimiento de la infraestructura, como factor *multiplicador* fundamental que de acuerdo con su apreciación es un concepto de significación más profunda, y de gestión más compleja.

Así, remodela la ecuación fundamental de la construcción de una sociedad de la información nuevamente como:

Infraestructura x Infoestructura = Sociedad de la Información

Entre los componentes esenciales de la infoestructura que el autor considera debe poner en marcha un país para alcanzar el equilibrio que plantea su modelo, están prioritariamente:

- *Un sistema educativo que tenga por objetivo esencial enseñar a aprender*. Esto es, ayudar a desarrollar *habilidades informacionales* que permitan actualizar los conocimientos con rapidez.

- U*n sistema ciencia-tecnología que aproveche la capacidad creativa de los ciudadanos y la transforme en nuevos productos y servicios competitivos en los mercados mundiales.*

- U*n sistema legal que pueda responder a los retos que impone la velocidad de desarrollo de las tecnologías*. Se habla de *leyes informacionales*, es decir, leyes que tratan básicamente de la información como derecho, deber o recurso.

- *Una base de contenidos que haga posible que las actividades de ciudadanos y organizaciones en la era de la información sean más fáciles*. Tanto, toda la información generada por las administraciones públicas como por la privada.

- *Un entorno fiscal que facilite el surgimiento, y el crecimiento, del sector información autóctono.* Facilitar el que surjan los emprendedores del sector información *(infoemprendedores).*

- *Una administración que sea ejemplo en el uso eficiente y eficaz de las tecnologías de la información.*

Por el lado de la Comisión Económica para América Latina y el Caribe (CEPAL), en "Los caminos hacia una sociedad de la información en América Latina y el Caribe", cuyo documento, Jorge Katz y Martín Hilbert, en el 2003, presentaron a la Conferencia Ministerial Regional Preparatoria de América Latina y el Caribe para la Cumbre Mundial sobre la Sociedad de la Información (accesado el 8/8/2005 y disponible en línea en http:/www.eclac.cl/publicaciones, con el n° 72), presentaron un modelo dirigido a poner en marcha, la construcción de la sociedad de la información, como se muestra de seguida.

Figura nº 3. Imagen sobre la transición hacia una sociedad de la información

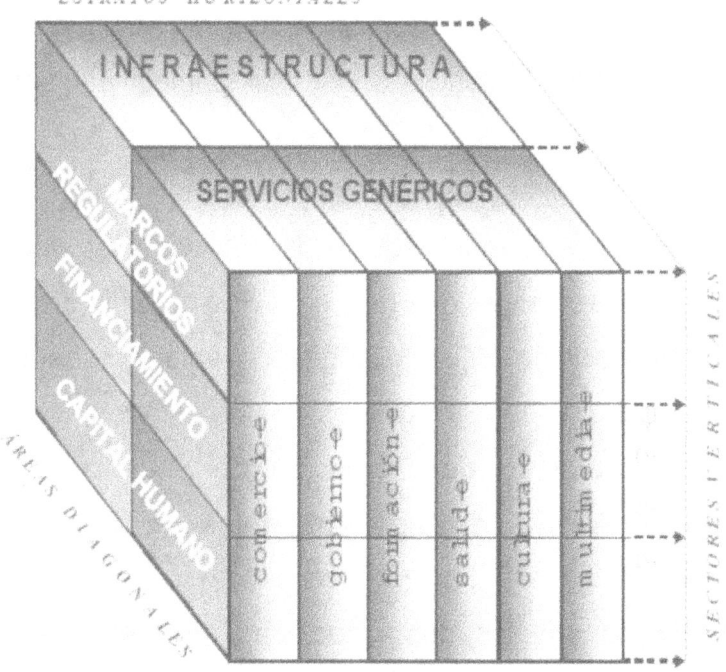

Fuente: original de Martín Hilbert, Comisión Económica para América Latina y el Caribe (CEPAL), 2003

Esta imagen tridimensional relaciona estratos horizontales con sectores verticales y áreas diagonales que deberían conformar una sociedad de la información. Según los autores, éste modelo conceptual refleja el hecho de que la transición hacia una sociedad de la información tiene un impacto genérico en una amplia variedad de áreas, en vista de que a su juicio, las características y los elementos claves de los campos horizontales, verticales y diagonales, son diferentes en cada región y en cada país, y por lo tanto, no existe una solución única para construir este tipo de sociedad.

Además, mencionan que el primer requisito para la "actividad digital" es la infraestructura física con todos sus componentes asociados a hardware, telecomunicaciones y protocolos u otros dispositivos. El segundo requisito, lo integran las aplicaciones de servicios genéricos que utilizan la infraestructura física para generar valor agregado. Al igual que Cornella, señalan que estos dos estratos, no conducen automáticamente a la creación de una sociedad de la información. Se hace necesario entonces, digitalizar todo lo concerniente a flujos de información y comunicaciones en diferentes ámbitos de la sociedad, asociados a sectores, empresas, instituciones, etc., lo que refleja el crecimiento de los sectores verticales del modelo.

Los autores diferencian lo relativo a los procesos digitales propios de los estratos verticales, con respecto a los productos digitales resultantes de los estratos horizontales, y los someten a intersección con las áreas diagonales o transversales, de necesario apoyo para consolidar la organización de la sociedad de la información. La importancia que le asignan a este modelo Katz y Hilbert, es que puede ser útil para identificar interdependencias y relaciones causales entre los actores involucrados en el proceso, así como también, facilitar la identificación de cuellos de botella potenciales y favorecer el desarrollo de una agenda de políticas integradoras que consolide la transición hacia la sociedad de la información, a partir de los puntos en las líneas donde se interceptan los estratos, sectores o áreas particulares.

Una organización que se ha dedicado a describir las tendencias de la sociedad de la información en los países donde tiene arraigo empresarial, es la Telefónica de España. Para ello, en su página Web (http:\www.telefonica.com) muestran un potencial modelo sobre el desarrollo de la sociedad de la información. Así, en este documento electrónico, a luz de la investigación realizada por esta organización empresarial española, consideran a partir de la definición anteriormente señalada al comienzo del capítulo, un modelo de la sociedad de la información en el que aparezcan los actores fundamentales y las relaciones entre ellos.

Según ellos, este modelo o representación no será completamente exacto, ni contendrá todos los elementos componentes de la sociedad de la información con su infinita riqueza de matices, sino que será una versión simplificada de la realidad que puede ayudar a entender mejor, según el grupo de investigación de la telefónica, la compleja construcción de ésta sociedad. De modo que el modelo que proponen, se configura de acuerdo a la imagen que esgrimen en su sitio Web, de manera similar al dibujo que sigue.

Figura nº 4. Modelo de la sociedad de la información por Telefónica de España

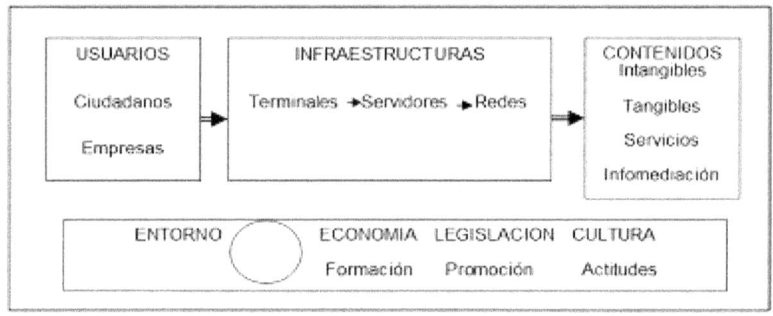

Fuente: Telefónica de España, 2001

En esa Figura, el grupo de investigación de esta empresa Telefónica, hace mención a cuatro grandes elementos que configuran la sociedad de la información: los *Usuarios*, quienes son las personas u organizaciones que acceden a los contenidos a través de las infraestructuras. Las *Infraestructuras*, quienes son los medios técnicos que hacen posible el acceso a distancia de los *Contenidos*, que consisten en información, productos o servicios (en el sentido de sector terciario) a los que se puede acceder sin necesidad de desplazarse obligatoriamente a un lugar determinado. Y el *Entorno*, que son los factores o agentes de tipo social y económico, que influyen en cualquier fenómeno que tenga lugar en la sociedad y que, por lo tanto, también afecta a la orientación y ritmo de implantación de la consabida sociedad.

Para este grupo de investigación de la Telefónica de España, estos son los cuatro elementos básicos de la sociedad de la información, mediante los cuales se puede profundizar en su significado y principales características, y así evaluar su situación para observar el avance de este tipo de sociedad.

En la página Web del desarrollo de la sociedad de información de España, se ubica un libro electrónico, titulado "La Sociedad de la Información en el siglo XXI: un requisito para el desarrollo: buenas prácticas y lecciones aprendidas" (http:\www.desarrollosi.org), auspiciado por el Ministerio de Ciencia y Tecnología de España, y con la colaboración de ENRED Consultores S.L., donde se presenta un modelo integrado de construcción para el desarrollo de la Sociedad de la Información, tal cual se observa, en la figura originaria, extraída de su sitio Web, a continuación.

Lo primero que delata es que la construcción de "arriba abajo", señala una visión del impacto de las TIC en el desarrollo y su incorporación en los distintos modelos de intervención. De "abajo a arriba", pone la atención en las necesidades de los ciudadanos y en la creación de redes como mecanismos de participación. Entre estas dos visiones integradoras, se incorporan un conjunto de elementos claves para crear lo que ellos llaman, "Una Sociedad de la Información para todos", que supone desarrollarse en armonía con los dos principios rectores, señalados.

Figura nº 5. Modelo Integrado sobre la sociedad de la información

```
        TIC como
        herramienta
        de
        intervención

    infraestructura
  software    acceso real           Sociedad de la
  conocimiento                      Información para
         diversidad                 tod@s

        Redes de
        participación
        ciudadana
```

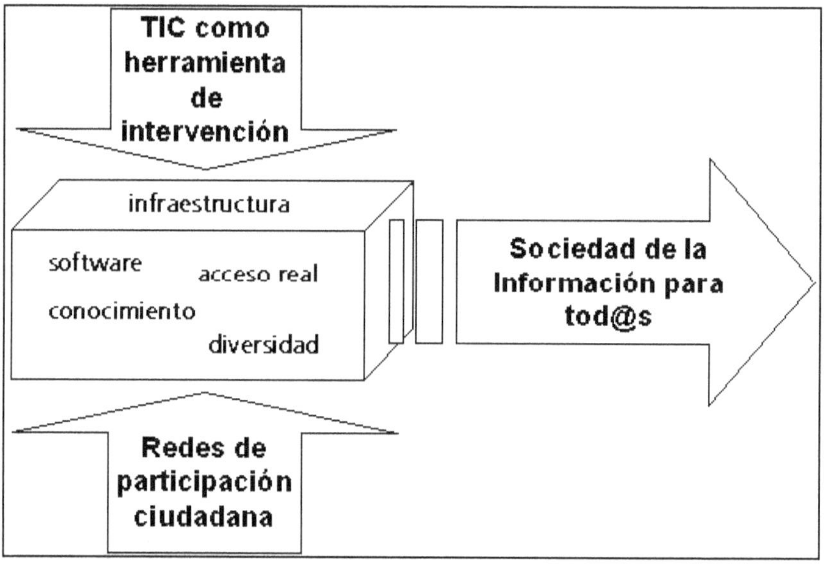

Fuente: original de www.desarrollosi.org, 2005

En esa misma tónica, nos topamos con una publicación que se titula "Siete pilares temáticos para potenciar una Sociedad de la Información para tod@s", por Estefanía Chereguini, Ana Moreno y Manuel Álvarez, quienes reflexionan acerca de la construcción de la sociedad de la Información, en el libro que trata "La Sociedad de la

Información en el siglo XXI: un requisito para el desarrollo II, reflexiones y conocimiento compartido", cuyo publicación se alcanzó a realizar en España, antes de la segunda Cumbre sobre la Sociedad de la Información y está disponible en la página Web del desarrollo de la sociedad la información (http:\www.desarrollosi.org), semejando a una pirámide.

En realidad, es en sentido más amplio, un acercamiento al modelo integrado que se muestra en la figura nº 5. Así, la base de la pirámide representa las necesidades de los ciudadanos y ciudadanas, dirigidas a satisfacer sus carencias básicas, dentro de un entorno de desarrollo económico, social y humano. En el escalón siguiente, se sitúan los agentes que deben intervenir en los procesos de cambio y transformación dirigidos a la consecución de este nuevo modelo de sociedad y desarrollo, como bien representan: la contribución de la sociedad civil, el sector privado, y la administración pública. Sobre todo en cuanto al inmediato escalón superior que refleja el ámbito de la e-inclusión, referido al acceso a la información, contenidos, y servicios específicos, para grupos con riesgo de exclusión, y la lucha contra la brecha digital.

Figura nº 6. Estructura de desarrollo de la Sociedad de la Información

Fuente: original de www.desarrollosi.org, 2005

El e-learning, abarca la formación, capacitación y difusión básica tanto en TIC como a través de éstas, con miras a aportar claros avances dentro del desarrollo económico y social, en general. Ya para los dos escalones más superiores, se sitúan la transformación de procesos que deben sortear sobre todo, los países en vías de desarrollo y la infraestructura como concreción física y aspectos blandos al exterior. De modo de completar la pirámide de desarrollo de la sociedad de la información. Esta es pues, la idea que refleja este modelo que pretende contrastar a los diferentes agentes y fuerzas que intervienen tanto en la construcción de la sociedad de la información para todos, como también, de instrumento para el desarrollo.

Hurgando todavía más en Internet, conseguimos un documento titulado "Métrica sobre la sociedad de la información", elaborado y registrado por la Asociación Española de Empresas de Tecnologías de la Información (SEDICE), en el año 2000 (accedida en 2004, en http:\www.campus-oei.org/salactsi). En este, se muestra una visión general de la sociedad de la información que comienza con armar el sector de las TIC, mediante la agrupación de las telecomunicaciones e informática que luego, aunado a lo contenidos, da cabida a la industria de la información. Generando efectos económicos que impulsan la economía de la información o digital, y que al impregnarse de efectos sociales, finalmente origina, la sociedad de la información. La Figura n° 7, refleja esto.

Unos años después, SEDICE se convierte en la Asociación de Empresas de Electrónica, Tecnologías de información y Telecomunicaciones de España, AETIC (2004). Pero sigue considerando las mediciones de la sociedad de la información sobre los mismos parámetros ya señalados que comprenden un modelo de indicadores caracterizados, como: industria de las TIC, infraestructura, terminales de acceso, servicios, usos y contenidos. En el entendido para ellos que tres fenómenos íntimamente relacionados forman la base de la sociedad de la información en el siguiente orden: la convergencia tecnológica, la dinámica de la industria de las Tecnologías de la Información y de las Comunicaciones (TIC), y el crecimiento exponencial de Internet.

Figura nº 7. Visón general de la construcción de la Sociedad de la Información

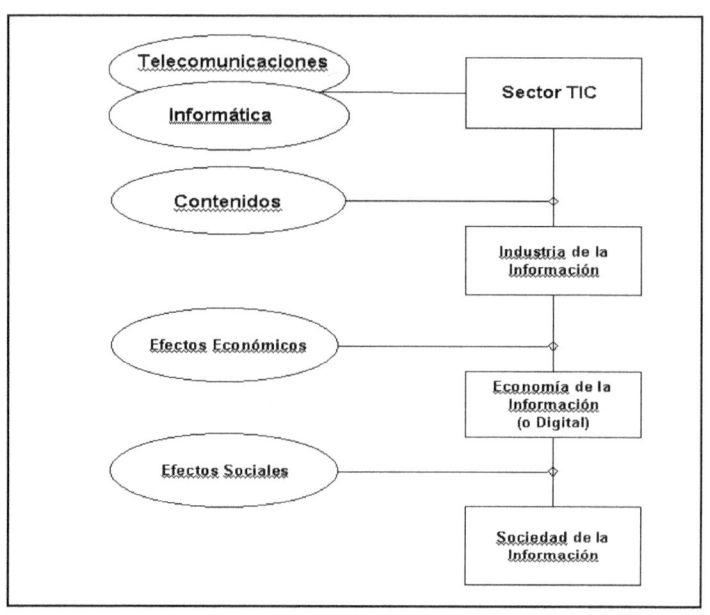

Fuente: SEDICE, 2000; www.campus-oei.org/salactsi desarrollosi.org, 2005

También, en documento electrónico titulado "Indicadores de la Sociedad del Conocimiento: aspectos conceptuales y metodológicos", del Centro de Estudios sobre Ciencias, Desarrollo y Educación Superior (http:\www.centroredes.org.ar); Lugones y otros (2005, septiembre 5), hacen mención a lo expresado por Heli Jeskanen-Sundström del Instituto Finlandés de Estadísticas, con relación a que el grupo de expertos de los países nórdicos, han reunido en un esquema, los elementos que ellos estiman básicos de la sociedad de la información. Componentes que se corresponden con la métrica de la sociedad de la información de SEDICE y AETIC. La Figura nº 8 muestra esta composición.

Figura nº 8. Composición de la Sociedad de la Información

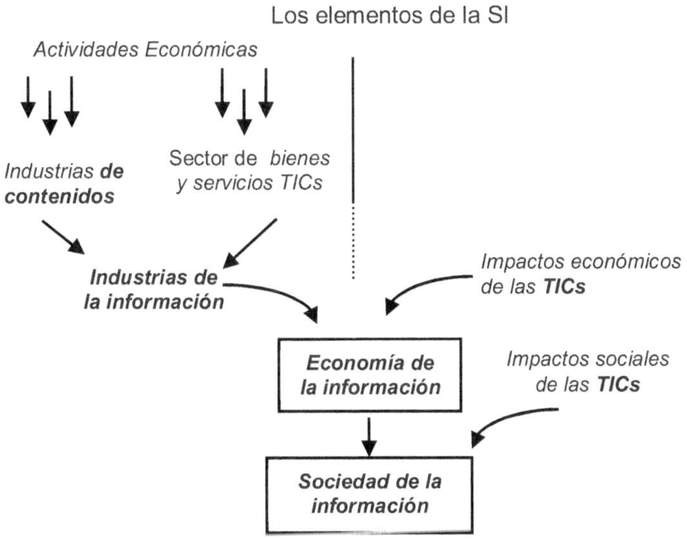

Fuente: Lugones, http:\www.centroredes.org.ar, 2005

Finalmente, René Herrera, profesor Titular de la Universidad de la Habana y del Instituto Superior Politécnico "José Antonio Echeverría", en documento electrónico titulado como; "La informatización de la sociedad: un reto para la educación cubana", (accedido en el 2004, mayo 04, en http://www.somece.org.mx/memorias/2000/docs/453.DOC.), muestra una Figura (no. 9) que sintetiza el modelo de informatización de la sociedad que lleva a cabo Cuba como país en vías de desarrollo. Señala su autor, que este país ha transitado por programas y proyectos encaminados a que toda su población tenga acceso a la salud, la educación y a la seguridad social, sobre la base de un desarrollo sostenible. Esto lo aclara, por cuanto su modelo, no contempla lo antes señalado, argumentando que todo país en desarrollo debe atender estos proyectos y programas, inicialmente.

El modelo para la Informatización de la Sociedad en Cuba, como acota su autor, es un proceso compuesto por un conjunto de programas a través de los cuales, se ejecutan proyectos dirigidos a desarrollar armónicamente una infraestructura técnica (Física + Hardware + Software), sistemas de información, telecomunicaciones y aplicaciones que faciliten el uso de servicios remotos a los clientes entrenados o preparados, dado que se refiere a personas capacitadas. Entre sus programas, están prioritariamente: la infraestructura tecnológica y sus herramientas; sistemas y servicios internos para el ciudadano; administración y gobierno; informatización territorial; fomento de la cultura informática; fomento de la industria nacional de las TIC; y la investigación y desarrollo.

Figura nº 9. Construcción de la sociedad de Información en un país que en vías de desarrollo ha superado programas de salud y educación.

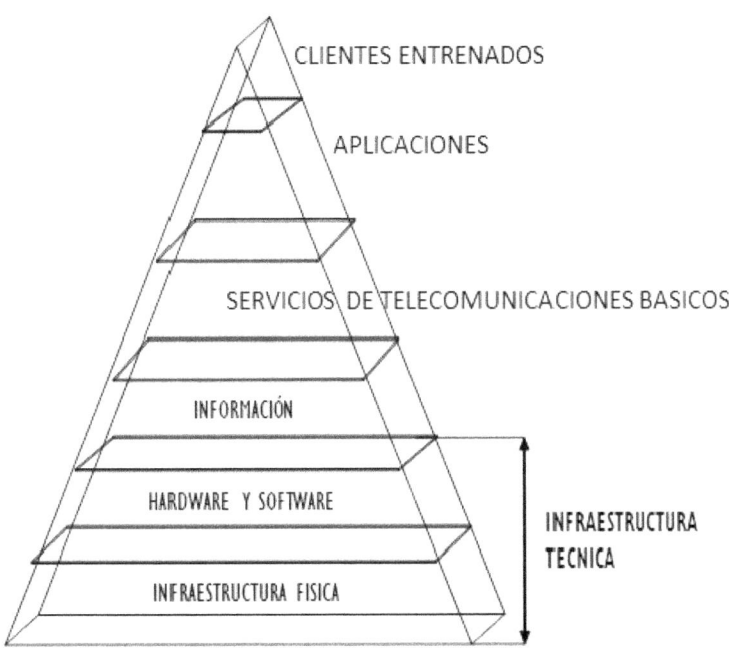

Fuente: Rene Herrera, 2000, Cuba,
http://www.somece.org.mx/memorias/2000/docs/453.DOC.

El modelo finlandés de la sociedad de la información

Un caso particular, digno de tenerlo presente, es el modelo de la sociedad de la información configurado en la investigación que llevaron a cabo Manuel Castells y Pekka Himanen sobre el "Estado de Bienestar y la sociedad de la información" en Finlandia (Castells y Himanen, 2002).

Las razones que esgrimen estos autores para estudiar la sociedad de la información Finlandesa, se soporta en tres ámbitos de acción de su interés personal: el hecho de que se ha convertido en una de las economías más competitivas y más desarrolladas tecnológicamente del mundo. El Estado de bienestar que despliega y su incidencia en el desarrollo de la sociedad informacional. Y la relación que sostiene entre la globalización y su identidad nacional. De allí que emprenden un estudio pormenorizado de la realidad contemporánea de un país que está ubicado en Europa septentrional, limitando al norte con Noruega, al este con Rusia, al sur también con Rusia y el golfo de Finlandia, al suroeste con el mar Báltico y al oeste con el golfo de Botnia y Suecia. Con una superficie aproximada de 338.145 km², una población de 5.223.442 habitantes, cuya capital es Helsinki (Microsoft Encarta, 2006).

Según la investigación que realizaron estos autores, una economía es dinámica si es internacionalmente competitiva, tiene empresas productivas y es innovadora. Una sociedad es informacional si tiene una solida tecnología de la información (infraestructura, producción y conocimiento). Y una sociedad es abierta si lo es políticamente, en tanto sociedad civil, y si está abierta a los procesos globales. En ese sentido, afirman que Finlandia es junto con Estados Unidos y Singapur, las tres economías más competitivas y dinámicas del mundo; son de las informacionalmente más avanzadas y abiertas, en tanto que consideran a las sociedades occidentales informacionales abiertas, pero a Singapur; la denotan como una sociedad autoritaria. En la dimensión del bienestar social, estiman que Estados Unidos es muy semejante a Singapur, con una fuerte desigualdad de rentas.

Además, la sociedad finlandesa en comparación con Estados Unidos y Singapur, es una sociedad con un alto nivel de bienestar social. Por lo que estiman que Finlandia es el primer país del mundo con estas tres características de sociedad contemporánea fundamental (Castells y Himanen, 2002, p. 31).

Al mismo tiempo, sostienen que Finlandia manifiesta una integración dinámica en la economía mundial, una integración plena en las instituciones europeas y una fuerte afirmación de su cultura, idioma único, y su identidad nacional (Ídem, p. 20). De allí que intentan analizar como Finlandia combina su sociedad de la información con el Estado de bienestar, y su relación entre identidad nacional y el desarrollo. Y es eso precisamente lo que despliegan en la excelente configuración que muestra el modelo sobre la sociedad informacional Finlandesa en la figura n° 10 que recalca, tales propósitos. Y para descartar como ellos señalan que no existe un único modelo para construir la sociedad de la información, sino que ésta más bien depende, a su juicio; de los valores que propongan las personas, las empresas y los gobiernos (Ídem, p. 26).

Este modelo específico de sociedad informacional, muestra una relación tridimensional entre la dinámica economía y la sociedad, mediada por el Estado. Dentro de una activa e interesante bifurcación y retroalimentación cíclica, entre diferentes elementos y sus relaciones, indicadas por las flechas.

Así, acotan que el Estado finlandés tiene una doble posición: de estado desarrollista y estado de bienestar, apoyando y estimulando con sus políticas, a las empresas. Como es el caso de Nokia. Una de las empresas más productivas, y con mayor rendimiento de ese país y de las mejores del mundo. Esto, mediante un entorno normativo caracterizado por la desregulación, liberalización y privatización, para liberar la capacidad empresarial y de organización de redes de la economía privada. Y un activo apoyo a la innovación, tanto financiándola como potenciando el sistema universitario (Ídem, p. 157). También indican que el Estado contribuye a un sistema estable de relaciones industriales, dentro de una estrategia de competitividad que garantiza la estabilidad social, amparada en un alto nivel de educación y protección social.

Figura nº 10. Imagen del Modelo de sociedad informacional Finlandés

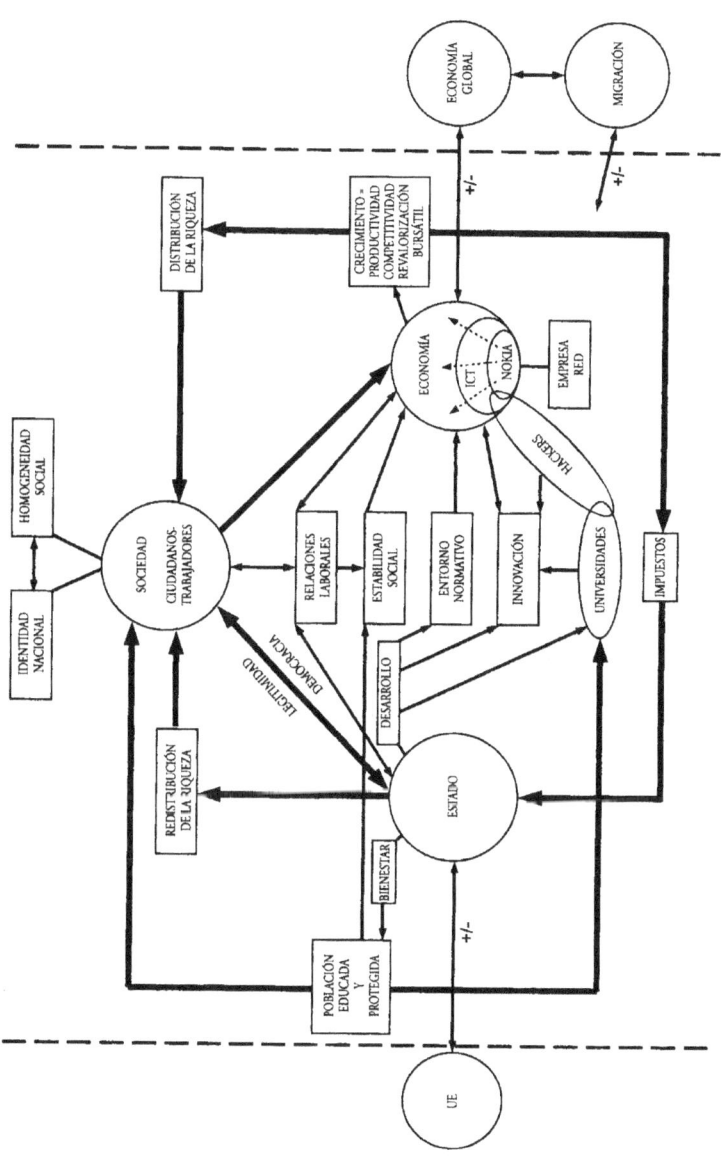

Fuente: Castells y Himanen, 2002, foto

Afirman que la legitimidad del Estado finlandés se soporta en la democracia, la redistribución de la riqueza y una fuerte independencia e identidad nacional, basada en su historia de supervivencia, con un alto grado de homogeneidad social y étnica que sostiene a una sociedad de ciudadanos/trabajadores, protegida por el Estado. Situación que es posible, debido al régimen de impuesto elevado dentro de las políticas de gobierno para garantizar la calidad de vida de sus ciudadanos, que tal como lo señalan Castells y Himanen, es mayoritariamente aceptado por sus congéneres. De esta manera, es posible que se financie el Estado de bienestar y desarrollo, condicionado a que se genere una mayor productividad y competencia, y en consecuencia; un superávit económico. En el núcleo de todo esto, subyace la tecnología de la información (informacional) como base material que potencia las necesidades de la gente, tanto lo social como la gestión e innovación, clientes y mercados (Ídem, p. 158).

Según los autores, tres exterioridades influyentes en Finlandia, complican el modelo. Ellos son: primero; la emigración de profesionales de alto talento debido a la presión fiscal, el aumento de la inmigración para satisfacer la demanda de personal calificado en TIC, y en servicios. La necesidad de sustituir población y trabajadores envejecidos por mano de obra más joven, y la coacción que ejercen inmigrantes pobres que vienen de otros países europeos o no, que pudiera generar desequilibrios en el balance de la sociedad. Segundo; la economía global y su influencia, debido a la plena integración de Finlandia a los mercados financieros y globales. Y tercero; la presión que ejerce el Estado red europeo en Finlandia, producto de su plena incorporación a la Unión Europea, y la influencia de políticas de carácter reciproco (ídem, p 159).

Un punto crucial que bien vale la pena destacar, se refiere al hackerismo social, que no asume la interpretación maliciosa que se deja ver en la intromisiones indebidas de individualidades expertas en las red e Internet para violar códigos y sistemas, sino, aquí tiene un carácter tal cual se lo asignan los autores de *creación intelectual y social de innovación individual*, apoyados por las universidades y el gobierno, contribuyendo así, a la creación de estándares abiertos e innovaciones tecnológicas y al nuevo sistema de innovación, junto al modelo de código abierto, originario de Finlandia (Ídem, p. 161).

La afirmada legitimidad del Estado finlandés, se sostiene, gracias a cuatro grandes dimensiones convergentes que le dan un irrestricto apoyo, en contraste, como señalan Castells y Himanen, a otros países del mundo que tienen crisis en ese sentido, y de la cual, Europa no escapa. Ellas son: legitimidad política, gracias al estado democrático; legitimidad social, producto del Estado del Bienestar; legitimidad cultural, proveniente del proyecto nacionalista arraigado en el Estado finlandés; y legitimidad económica, gracias al sostenido crecimiento económico, y a la importante distribución de la riqueza de las empresas, siempre apuntaladas por el Estado desarrollista Finlandés (Op. Cit).

No obstante, los autores observan que se presenta una debilidad entre el estado finlandés y la sociedad, debido a la "resistencia dentro del estado de la burocracia al trabajo en red, en contradicción con el potencial y los requisitos de los objetivos informacionales de las aplicaciones del bienestar social". Lo que sustrae eficiencia y legitimidad a la actuación del Estado de Bienestar (op. Cit).

Finalmente, Castells y Himanen, ratifican que la sociedad informacional finlandesa se construye de forma muy diversificada, tanto espacial como cultural, de acuerdo a su identidad regional y local que hace que se generen lo que estos autores llaman, una serie de diversos modelos de sociedades informacionales locales (Ídem, p. 163)

A fin de cuentas, para Castells y Himanen, el modelo de sociedad informacional finlandés está impregnado de las características típicas del paradigma sociotécnico de la era de la información, y del entorno global, pero con su propia dinámica, inyectada por los actores sociales, políticos y económicos que conforman a la sociedad finlandesa (Ídem, p. 165).

A pesar de lo interesante, aleccionador y de lo que representa este modelo, como guía a seguir por cualquier país, no es menos cierto que pareciera reflejar más bien, una excelente representación del Estado de bienestar de Finlandia que propiamente la sociedad de la información o informacional finlandesa. A mi juicio, converge en mucho, con el modelo de Masuda, Cornella, y un tanto en lo sociotécnico, con lo presentado por otros, ya vistos. En todo caso, no deja de ser una visión admirable y excitante, del desarrollo de una sociedad que si bien alcanza un espacio territorial y poblacional minoritario, da muestras indubitables de su adelanto social, tecnológico y económico, como país que ha sabido superar sobre todo, los escollos de la naturaleza y del mundo cambiante, para alcanzar un alto nivel de desarrollo y progreso. Digno de tener en cuenta, como modelo exitoso de la realidad societal finlandesa.

Un meta modelo sistémico sobre la sociedad de la información

De seguida, se dispensa un modelo que propongo, y que pudiera representar la armazón de una sociedad de la información de manera general que la toca a mi juicio, más en su propia conceptualidad.

El presente meta modelo a escrutar, muestra la estructura compleja y sistema de relaciones que conforman una idea de cómo se construye la sociedad de la información a partir de situaciones paradigmáticas más representativas y típicas, que constituyen la forma en que se autoorganiza y se autoproduce y la función que desempeña cada una. Por lo tanto, la figura inserta a continuación, representa un supuesto modelo aproximado de la sociedad de la información –que a este nivel de concreción se considera de referencia– producto de escudriñar sobre la literatura investigada y cavilar acerca de este tipo ideal de sociedad, para eventualmente acceder a indagar en el terreno objeto de investigación. A continuación, se conceptualiza cada uno de sus componentes principales y luego, las relaciones que se precisan en la Figura n° 11.

Tal como se denota, la representación interna la componen dos triadas en forma de estrella de seis puntas.

La que podría asociarse a la triada de punta hacia arriba, dispone información, comunicación y gente. La triada de punta hacia abajo, comprende organización, tecnologías de información y comunicación, y gestión de información. Allí la *información* se entiende como la función de selección mediante la cual un sujeto toma acción sobre un objeto tácito o evidente, para hacerse de un valor afectivo o racional y consciente. Y la *comunicación* es la función dinámica a modo de interacción entre un transmisor y un receptor del mensaje que tiene sentido, dirección y cualidad de significado comprensible entre actuantes, sean sujetos y/o objetos.

Figura n° 11. Meta modelo aproximado sobre la SI

Fuente: deducción propia

La *gente* se refiere a la función actuante colectiva e individual que caracteriza a un(os) sujeto(s) participante(s) en todas las instancias de la sociedad mediante arreglos de interpenetración afectivos, racionales, y conscientes. Y la *organización* que se refiere a la función estructural de la sociedad, operando en sus diferentes dimensiones sistémicas. Se considera un todo integrado en interacción, donde cada sistema y subsistema están relacionados con la operación total. Su estructura, por tanto, es creada por cientos de sistemas arreglados en orden dinámico, jerárquico. Y en sintonía con Kast y Rosenzweig (1989) que la describen como todo un sistema organizado en interrelación con su medio ambiente e interacción entre todos sus componentes internos, buscando lograr su meta o metas comunes, operando sobre ella información, energía o materia prima, dinero y personas en una referencia temporal para producir como salida; servicios o información, productos terminados, materia prima, dinero y bienestar social.

En cuanto a la *tecnología de información y comunicación* (TIC), tiene la función de soportar el registro, procesamiento de datos y generación de información de los sistemas de información, para producir conocimiento dirigido a la planificación, control y toma de decisiones en las organizaciones. La *gestión de información* (GI), según Páez (1990), se entiende como el manejo de la inteligencia corporativa de una organización a objeto de incrementar sus niveles de eficacia, eficiencia y efectividad en el cumplimiento de su misión. Por inteligencia corporativa, se entiende todos los datos, la información y el conocimiento; endógena y exógenamente generados, de valor real o potencial para asegurar la cohesión interna de la organización, su coherencia con el entorno social circundante y el incremento de la productividad, en las distintas funciones que contribuyen al cumplimiento de la misión organizacional.

Alrededor de esta dinámica estrella, fluye y refluye, una serie de operaciones relacionales vista como: *infoestructura*, relativa a la forma y estructura de la información que viaja por los diferentes canales de comunicación. En ese sentido, Choo sostiene que los significados y las conjeturas compartidas definen una estructura para el procesamiento de la información que traza criterios y valores para la selección, búsqueda y uso de la información, y también sugiere modos de simplificar la recopilación y el análisis de datos (1999, p. 123). El *infoconocimiento*, referido al conocimiento, y en sintonía con lo dicho por Masuda que no es más que información cognoscitiva que se ha generalizado y abstraído de una comprensión de las relaciones causa-efecto de un fenómeno particular que tiene lugar en un entorno externo (1984, p. 73).

La *inforepresentación*, referida a imagen, idea, noción o pensamiento que se forma en el psiquismo y está presente, de un modo consciente, al espíritu (Microsoft Encarta, 2006). Más explícitamente, es referida a los signos, símbolos y significados, mediante los cuales; los sujetos construyen e interpretan la realidad cotidiana de manera racional y consciente. Así, para Choo (1999, p. 85) la representación es el proceso mediante el cual los individuos de una organización crean activamente los medios ambientes en que se desenvuelven, y a los cuales entonces prestan atención. De esta forma, el resultado del proceso de selección es un medio ambiente representado que es significativo porque proporciona una explicación de causa-efecto de lo que está ocurriendo.

El *infocontrol*, es una relación de control que desde el punto de vista de gestión, supone regular las desviaciones entre el cumplimiento de los objetivos y metas de una organización y la posición futura deseada, propuesta por ésta. Además, la *informatización*, es una relación que caracteriza al proceso sociotécnico, relativo al conjunto de actividades vinculadas con el uso eficiente y eficaz de la tecnología de información y comunicación, mediante los métodos y procesos informáticos, con la intención de satisfacer las necesidades de procesamiento y obtención de la información dentro del sistema social de gestión de información al que el usuario final este inmerso, se adhiera o la solicite (Nuñez, 2007). Y la *infogestión*, base de la relación de gestión que comprende la coordinación de todos los recursos de una organización, mediante los procesos de organización, planeación, dirección y control para el logro de sus metas establecidas.

Finalmente, se vislumbran relaciones implícitas de carácter tanto simétricas como transitivas entre Información-GI, GI-Gente, Gente-organización, Organización-Comunicación, Comunicación-TIC y TIC-Información, de forma sinérgica y circular. Es claro que la estructura-funcional navega dinámicamente dentro de la complejidad de los sistemas sociales que configuran a las dimensiones económica, política, social, cultural y tecnológica. Y en lo que concierne a las cuatro erres: reflexivo, referente, recursivo y recurrente. Por lo tanto, aunque es temerario presumir que éste modelo es completo, no obstante, el meta modelo surge como guía para acercarse a la realidad significativa del desarrollo de la sociedad de la información en general, y a cualquier país, en lo particular. A fin de aproximarse, lo más cerca posible, al modelo de organización social que la configura, o bien, que la promueve.

PARTE III

LA SOCIEDAD DE LA INFORMACION EN EL MUNDO CONTEMPORANEO

El mundo contemporáneo refleja muchas caracterizaciones de sociedad que van desde las más avanzadas hasta la que se encuentras en condiciones más desventajosas, lo que impele a pensar, en las dificultades que tienen que superar para garantizar su permanencia en el tiempo. Sabemos históricamente que muchas civilizaciones y sociedades pasadas, desaparecieron de la faz de la tierra por diferentes circunstancias: ambientales, sociales y políticas. La supervivencia es quizás el principio fundamental de la existencia de la sociedad y luego su permanencia, progreso y desarrollo social, político, económico y cultural que transcienda. Las sociedades mantienen una lucha férrea por el control de la naturaleza y sus bondades, y con ellas mismas, afín de garantizar su existencia.

En el mundo actual se consiguen diferentes sociedades estructuradas en Estados naciones que presentan variaciones encontradas que las hacen ver: ubicadas entre unas categorías de mayor relevancia y dominio, en comparación con otras, dados sus problemas de carácter económico, político, social de diferente tipos, que contemplan situaciones particulares entre las que se encuentran: relativas a desarrollo económico, tecnológico, desigualdad, pobreza, democracia, justicia social, exclusión social, etc. Es así que tratando de subsanar estas diferencias, se han venido creando en los últimos setenta años, diferentes organismos e instituciones de carácter mundial como regional, así también, grupos y bloques e uniones entre diferentes países, para contribuir al desarrollo y apoyo entre ellos, y a la vez, para ayudar a los más necesitados, con la idea de reducir las brechas que los separan, dado que todos irremediablemente, forman parte de la tripulación de la nave tierra, al menos por ahora.

En razón de ello, se precisa indagar de manera global, a través del arqueo respectivo, como se ventila, expresa y manifiesta la sociedad de la información en ciertos y determinados espacios del mundo contemporáneo, a inicios del siglo XXI. De lo que se trata es conocer el marco de acciones y/o decisiones que los organismos internacionales más relevantes, han venido llevando a cabo, para la promoción y desarrollo de este nuevo tipo de sociedad. Lo que representa una visión empírica del mundo contemporáneo con relación a la situación de este nuevo modelo de organización social.

5

INDICADORES SOBRE LA EVOLUCION DE LA SOCIEDAD DE LA INFORMACION A NIVEL MUNDIAL

Índices generales sobre la sociedad de la información

A comienzos de siglo, pululan una serie de indicadores que pretenden medir los argumentos que incitan a pensar en una sociedad de la información en abierto proceso de desarrollo. Cada uno encierra sus propias características y métodos de medición, para intentar explicar en qué punto de la curva, están los diferentes Estados nacionales que han comenzado a procurar, tan afamado nivel de sociedad. Es así que varias organizaciones internacionales, empeñadas en dilucidar tales situaciones, han afrontado la tarea de asumir semejante compromiso mundial. Nos habemos pues, con varias instituciones de las más relevantes que auspician tan ardua labor. De esta manera se tiene a un grupo que se supone, mide más los aspectos de la e-economía (economía electrónica), en comparación con los auspiciadores de la e-sociedad (sociedad electrónica), como se apunta por sus nombres en inglés.

La diferencia que rechina entre los que privilegian una categoría u otra, radica en que los catalogados como de la e-economía, se enfocan sobre la infraestructura básica de una nación y su aporte, tanto a los negocios como al crecimiento económico. Mientras que los de la e-sociedad, tienen más en cuenta la apropiación de las tecnologías de información y comunicación, y sus beneficios a la sociedad. Sin embargo, no son mutuamente excluyentes, por cuanto, usan ciertos atributos comunes, indistintamente. Lo que desde luego, supone que ningún indicador en sí mismo, sea una medida adecuada de lo que se da en llamar "e-preparación" hacia la sociedad de la información, por cuanto la e-economía y la e-sociedad plantea una relación entre ellas, típicamente compleja e interdependiente. De modo que la predilección de uno u otro indicador, está sujeta a lo que se quiera investigar y/o comparar.

A pesar de las críticas que han recibido estos indicadores, y sin entrar en disyuntivas sobre el análisis condicionante de sus factores, un grupo de los más relevantes indicadores que tienen como unidad de medida un país, y de acuerdo a la escala que hacen uso, se presentan como más adecuados para concentrar en un solo valor, el grado de desarrollo de la sociedad de la información, dada la aceptación, como referencias de comparación internacional unificada.

Nos referimos al Índice sobre la Sociedad de la Información (por sus siglas en inglés, ISI, Index Information Society) realizado por IDC-World Times y el Índice de preparación en red (por sus siglas en inglés, NRI, Network Readiness Index) publicado por el Foro Económico Mundial que ofrecen indicadores y parámetros sobre una extensa panorámica de las nuevas tecnologías, como en el caso del desarrollo de infraestructuras, la penetración de Internet o aspectos vinculados con la e-sociedad. Así como el índice asociado al centro de estudios de la Unidad de Inteligencia Económica (por sus siglas en inglés, EIU, Economist Intelligent Unit) que dejo de llamarse Índice de Preparación Electrónica (por sus siglas en inglés, ERI, eReadiness Index) a Rankings de la economía digital pero que sigue con significativa relevancia, los aspectos relacionados con la nueva economía, como el desarrollo de la e-negocio, haciendo especial hincapié en el grado de implantación del comercio electrónico u otros.

También, el Índice de Acceso Digital (IAD) elaborado por la Unión Intencional de Telecomunicaciones que se aboca a medir la capacidad general de los ciudadanos de un país para el uso y acceso de las TIC´s, y su siguiente índice, el Índice de oportunidad digital (IOD) que pretende vislumbrar la brecha digital entre países y su grado de desarrollo de sociedad de la información. Ahora presentan su más reciente indicador, como el índice de desarrollo de las TIC (IDI) que se empezó a registrar a partir del 2009.

Y no menos importante, un indicador proveído por el Foro Económico Mundial que si bien no está dirigido a medir la sociedad de la información propiamente, no obstante, mide una serie de factores y entre ellos; contempla lo atinente como elemento importante, a las tecnologías de información y comunicación, para dar una idea general de lo que supone la competencia de la economía global (ICG; por sus siglas en inglés, GCI - Global Competitiveness Index) en la que se encuadran la mayoría de los países.

La brecha digital

Esta categoría, es un concepto que aparece dentro del escenario de la sociedad de la información, en razón de la comparación que se establece entre países y regiones, así como al interno, respecto a la apropiación y uso de las tecnologías de información y comunicación, dentro de las instancias de su sociedad y su aporte al desarrollo económico y social.

De tal suerte, refleja una idea de la inclusión y exclusión para el acceso y utilidad de las TIC's en la organización social, lo que resalta, aspectos de carácter no sólo tecnológico (infraestructura), sino de orden socioeconómico, cultural y político. En función de ello, los índices sobre la medición de la sociedad de la información tienen entre sus propósitos dar una idea referencial sobre este tipo de desigualdades societales del mundo contemporáneo.

La idea de "Brecha Digital" (en inglés, Digital Divide), fue inicialmente instrumentada por los Estados Unidos, quien funge como propulsor mayor de la considerada sociedad de la información –a tal efecto que es inicialmente categorizada como el origen de comparación en relación a los avances que manifiestan otras sociedades, en ese sentido– a mediados de los años noventa. La intención del indicador es referirse a las desigualdades sociales que tienden a observarse, producto del desarrollo, uso y acceso a la computación e Internet, entre otros (Cajamar, 2004). Es decir, la idea es garantizar la posibilidad de que todo ciudadano obtenga, tanto las capacidades como las herramientas necesarias, para apoyarse activamente en el servicio de manejo y/o acceso de la información y el conocimiento.

Índice de acceso digital (IAD)

El Índice de acceso digital de la Unión Internacional de Telecomunicaciones, abarca un estudio de 178 países. Busca medir la capacidad de un país para aprovecharse de las bondades de las tecnologías de información y comunicación, es decir, su creación y uso. De esta manera, pondera una medida de la participación del país en su totalidad, en el desarrollo de la sociedad de la información. Su valoración fue hecha por última vez en el 2002, y publicada en el informe de las Naciones Unidas del 2003. Este índice mundial que tiene un retraso debido al número de países que abarca y la dificultad para obtener datos relevantes de países sobre todo, menos desarrollados, tiene en cuenta ocho variables relativas a cinco áreas: disponibilidad de infraestructura, asequibilidad, nivel de educación, calidad de los servicios de las TIC´s, y uso de Internet.

Es un índice basado en datos puramente cuantitativos. El valor que genera se encuentra comprometido entre cuatro grandes categorías, dentro de la cual se ubica un país específico que adopta las TIC´s en orden de importancia: alta, superior, media y baja.

Este indicador que fue preparado especialmente para la primera fase de la Cumbre Mundial sobre la Sociedad de la Información (disponible en www.iut.int), muestra que los primeros diez puestos correspondientes a alto acceso, son ocupadas por países europeos y asiáticos. Son los países nórdicos –Suecia (1), Dinamarca (2), Islandia (3), Noruega (5), Finlandia (8)– quienes ocupan las posiciones de vanguardia. Los países tildados como los cuatro tigres asiáticos –República de Corea ocupa el cuarto (4), Hong Kong (China) el séptimo (7), Taiwán (China) el noveno (9), a excepción de Singapur que ocupa la posición catorce (14), la cual no es despreciable– resaltan en unas envidiables posiciones, debido a sus importantes economías y como reflejan sus posiciones, el crecimiento digital. Y los países bajos (Holanda) ocupan una relevante posición (6).

Sorprendentemente, los siete países más desarrollados conocidos como el grupo de los siete (G7), no están en las primeras posiciones a excepción de Canadá (10). Los Estados Unidos de Norteamérica (USA), ocupa la posición once (11), seguido de Reino Unido, más abajo están Japón (15), Alemania (18), e Italia y Francia, junto con Eslovenia empatados en la posición veintidós (22).

Ya en la categoría de superior, un nivel considerado medio alto, se encuentran principalmente a naciones de Europa Central y Oriental, el Caribe, a Estados Árabes y a países latinoamericanos que se consideran economías emergentes, como en el caso de Chile en la posición cuarenta y tres (43), y más abajo: Uruguay (51), Argentina (54), Costa Rica (58), México (64) y Brasil (55). En el caso de Venezuela, se encuentra ubicada en los primeros puestos de acceso medio en la posición setenta y tres (73). Más abajo, le siguen Colombia (79), Perú (83), Ecuador (96), y al final se encuentran, Paraguay (101), Bolivia (107), y como caso especial; Cuba en la posición ciento ocho (108).

Entre los que se encuentran con bajo acceso, están la mayoría de países africanos, algunos países centroamericanos e islas caribeñas. Así, se estima que el Índice de Acceso Digital (IAD) es una herramienta útil para apreciar los progresos que llevan a cabo los países, sobre todo, los de economías incipientes con relación a las tecnologías de información y comunicación.

Índice de oportunidad digital (IOD)

La Unión Internacional de Comunicaciones en colaboración con la agencia Coreana para la promoción y oportunidad digital (por sus siglas en inglés, KADO - the Korea Agency for Digital Opportunity and Promotion), y la conferencia de las naciones Unidas para el comercio y desarrollo (por sus siglas en inglés, UNCTAD - the United Nations Conference on Trade and Development), se dieron a la tarea de proponer una metodología para la medición de la oportunidad digital de los países y a su vez, para evaluar la magnitud de la brecha digital y apreciar el progreso global sobre las metas del desarrollo tanto a nivel internacional como nacional. Es así que se crea un índice del desarrollo sobre las tecnologías de información y comunicación, cuyos resultados, fueron expuestos en la Cumbre Mundial sobre la Sociedad de la Información del 2005, en Túnez.

De tal manera que este indicador conocido como Índice de oportunidad digital (por su siglas en inglés, DOI - Digital Oportunity Index) apoyado en mediciones acordados entre todos los países, compone a tres importantes categorías: Oportunidad, referida a dos aspectos que afectan la oportunidad del consumidor para participar en la sociedad de la información: acceso a servicios de TIC's y asequibilidad. Infraestructura, relativa a las redes cubiertas por líneas fijas, telefonía móvil e Internet a nivel tanto individual como del hogar. Y la utilización, como el extensivo uso de las TIC's. Los once sub. niveles que componen a las tres categorías permiten una comparación de relativa importancia entre las TIC's para los países que siguen un camino hacia la sociedad de la información. Además, a cada indicador compuesto se le asigna un peso del 33% y un porcentaje sobre el peso total de la categoría especifica.

El valor del índice varía entre uno y cero, donde uno significa completa oportunidad digital. De tal manera que los resultados del 2005 para 180 países se resumen de seguida.

Este índice, muestra un grupo interesante de países, como en el caso de los tigres asiáticos y los países nórdicos, ocupando las posiciones más relevantes entre los diez principales de la clasificación. También, un significativo número de Estados de la Europa occidental, se encuentran entre los diez, seguidos por sus conterráneos del centro y el este europeo entre los veinte, y dentro de este grupo, naciones de otras regiones, en posiciones consecutivas; como el caso de Australia, Canadá e Israel (15, 16, 17). Destaca que países de los más desarrollados, perteneciente al grupo de los siete (G7), estén fuera de los veinte, con en el caso de Estados unidos que ocupa la posición veintiuno (21), Francia e Italia, las posiciones veintisiete (27) y veintiocho (28) respectivamente. Por el lado de Latinoamérica, destaca Chile con la posición cuarenta (40) y Argentina en la cincuenta y uno (51). En el caso de Venezuela, se encuentra apareada con México (66) en la posición sesenta y siete (67), mientras que Brasil está mucho más atrás, en la posición setenta y uno (71).

Con respecto a una categoría especifica: Oportunidad fue la mejor tendencia que ocupo a la mayoría de los países, debido a como expresa el reporte, a la amplia cobertura de la red móvil celular. Aunque esto no implique necesariamente, una alta penetración. Se desprende de ello, la importancia de que los países se enfoquen más en la infraestructura y la utilización.

El promedio del mundo para la medición del 2005 fue de 0.37. En contraste, Europa, América y Asia, están por sobre este promedio, mientras que África está muy por debajo. El informe refleja que las economías más desarrolladas son las correspondientes a Europa, Norteamérica y el este de Asia pacifico, debido a que presentan buena oportunidad digital de sus habitantes, con extensiva infraestructura y generalmente bajos precios y amplio uso de las TIC's. La figura que sigue muestra las mediciones promedios por región. El blanco es oportunidad, gris claro infraestructura y gris intermedio utilización.

Figura n° 12. Medición promedio por región del Índice de Oportunidad digital 2005

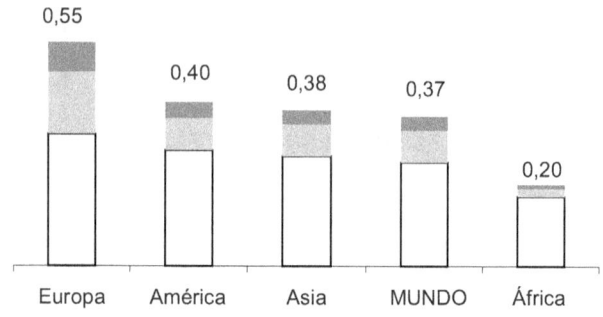

Fuente: Imagen de ITU/KADO Digital Opportunity Platform.

Índice de desarrollo de las TIC (sigla en inglés, IDI)

El IDI es una forma nueva de medición de la IUT para supervisar el progreso de y hacia sociedad global de la información, registrada en informes desde el 2009, dejando atrás los índices anteriores (IAD y IOD). Este clasifica el desempeño de 176 economías con respecto a mediciones sobre la infraestructura, el uso y las competencias en materia de TIC, a fin de realizar las debidas comparaciones entre países, a lo largo del tiempo. Un elemento significativo es que cada país debe llevar a cabo su propio seguimiento de año en año y ajustar su política con el propósito de ver crecer su sector de las telecomunicaciones/TIC, versus los otros países. De este modo se evalúa las economías de las que se dispone de datos, a través de la experiencia de los países de alto rendimiento y más dinámicos, y relaciona estos hallazgos con la situación del desarrollo y la brecha digital.

Los principales objetivos del IDI, consisten en medir:

• El nivel y la evolución a lo largo del tiempo de la evolución de las TIC en los países y de su experiencia en relación con otros países;
• Progresos en el desarrollo de las TIC tanto en los países desarrollados como en los países en desarrollo;
• La brecha digital, es decir, las diferencias entre los países en términos de sus niveles de TIC desarrollo;
• El potencial de desarrollo de las TIC y la medida en que los países pueden hacer uso de ellas para mejorar el crecimiento y el desarrollo en el contexto de las capacidades y competencias disponibles.

Como es un índice compuesto, se divide en tres subíndices, con sus respectivas categorías a medir:

• Preparación (infraestructura y acceso): captura la preparación para las TIC e incluye cinco indicadores de infraestructura y acceso (suscripciones de telefonía fija, suscripciones de telefonía móvil celular, ancho de banda internacional de Internet por usuario de Internet, hogares con computadora y hogares con acceso a Internet);

• Uso (intensidad): captura la intensidad de las TIC e incluye tres indicadores de intensidad y uso (individuos que utilizan Internet, suscripciones de banda ancha fija y suscripciones de banda móvil);

• Habilidades (educación): busca capacidades o habilidades de captura que son importantes para las TIC. Incluye tres indicadores de representación (años medios de escolaridad, matriculación secundaria bruta y matriculación terciaria bruta).

El impacto, sería como un cuarto subíndice que si bien tiene menos peso en el cálculo IDI que los otros subíndices, apunta a reflejar el resultado sobre la eficiencia y efectividad en el uso de las TIC. En todo caso, estos subíndices reflejan la etapa correspondiente de transformación a la sociedad de la información de un país.

Los valores del último índice de desarrollo de las TIC (IDI), publicado en el 2017, refleja dentro del rango de economías medidas (176) según el informe que ha habido una mejora en el desempeño de la mayoría de los países con respecto al 2016, sobre todo, en los que están en medio del rango que son afines a países en desarrollo de ingresos medianos, así como los más bajos, dado el crecimiento que ha experimentado la banda ancha móvil al conectar en línea a individuos previamente desconectados y atendiendo otras necesidad de datos dentro la red. Aunque contradictoriamente, también muestra el persistente desafío por reducir la brecha digital, dada las diferencias de desarrollo de la TIC, entre países y regiones conectadas y sus posibilidades (Disponible en: https://www.itu.int/en/ITU-D/statistics/Pages/publications/mis2017.aspx).

En todo caso, el informe divido en cuatro parte, donde el rango alto incluye el primer cuartil de 44 países, comienza con Islandia (1) y termina con Portugal (44). El rango medio superior del segundo cuartil comprende desde Rusia (45) hasta Surinam (88). En rango medio inferior que es el tercer cuartil, desde Albania (89) hasta Santo Tomé y Príncipe (132), y lo que sería el rango bajo y último cuartil, comprende desde Lesoto (133) a Eritrea (176).

Así, el informe muestra la hegemonía que aún mantienen los principales países nórdicos en el primer rango (de 44), destacándose Islandia en la 1, Dinamarca 4, Noruega 8, Suecia 11, pero Finlandia descendiendo a la 22 (21). Los tigres asiáticos con Corea del Sur (2), Hong Kong

(6), Singapur (18) bien posicionados entre los veinte y en el primer rango, aunque Taiwán ¿no medido?. El grupo de los siete (G7) se encuentra esparcido entre el primer rango y oscilando dentro de los primeros treinta [Reino unido (5), Japón (10), Alemania (12), Francia (15), USA (16), Canadá (29)], a excepción de Italia que está en el rango medio, descendiendo a la 47 (46). Economías que aun llaman emergentes se ubican como Rusia (45) y China (80) pero dependencias de esta última, se ubican en posiciones superiores: Hong Kong (6), Macao (26), sin Taiwán procesado.

Del resto, los países europeos remanentes, oscilan entre el primer rango alto y medio alto. Casos particulares, son Nueva Zelandia que ocupa la posición 13, Australia en la 14, bien posicionados. Se puede decir que el oriente medio comienza con Israel en la posición 23, Bahréin en la 31, Qatar en la 39, Emiratos Árabes Unidos en la 40, dentro del rango alto, y más retrasado, Arabia Saudita en la 54, en rango medio alto. Además de que el resto de los países asiáticos, se ubican desde el rango medio alto hacia el medio inferior. De Latinoamérica se puede decir que inicia en los límites del rango alto con Uruguay (42) y luego el resto entra entre rango medio alto y medio inferior. Con Argentina en la 51, Chile en la 56 y Costa Rica en la 60, siendo los mejores posicionados pero descendiendo. Del resto, todos los demás, entre rango medio inferior y bajo, perdiendo posiciones.

Una excepción son las islas Centroamericanas: barbados (34) rango alto, bien posicionada y Bahamas en la 57, rango medio alto. De África podemos decir que el mejor país ubicado es Mauritania (72), ubicada en el rango medio alto, y los más cercanos, son: Seychelles (90), Suráfrica (92), Cavo verde (93) en el rango medio inferior, El resto ya oscilan entre el rango medio inferior y bajo.

Un rasgo interesante, es que la UIT estima que a finales de 2019, el 53,6% de la población mundial, o 4,1 mil millones de personas, utilizan Internet.

Rankings de la economía digital (DER, por sus siglas en inglés)

A comienzos de siglo la organización Unidad de Inteligencia Económica (por sus siglas en inglés, EIU, Economist Intelligence Unit) estuvo publicando desde el año 2000, el índice de preparación electrónica (Ereadiness) con el propósito de medir el grado de susceptibilidad de un mercado en la puesta en marcha de iniciativas basadas en Internet. Con ello, pretendía medir la capacidad de una nación para participar en la nueva economía (e-economía) que comporta cambios tecnológicos y de mercado. Tomando en cuenta, un ancho rango de factores que van, desde la calidad de la infraestructura de TIC's, hasta la ambiciosa idea de medir las iniciativas gubernamentales, y el grado en que Internet, está creando un auténtico comercio electrónico.

De allí que estuvieron haciendo mediciones sobre cien (100) criterios cuantitativos y cualitativos, organizados alrededor de seis categorías relacionadas, cuyos pesos cambiaron a: conectividad e infraestructura tecnológica (20%), entorno de negocios (15%), condiciones socioculturales (15%), marco legal (10%), políticas de gobierno y visión (15%), adopción de negocios y consumidores (25%), tal como aparecen en el indicador que sobre clasificación de la economía digital, dispusieron a partir del 2010, y es precisamente a este último informe al que se pudo acceder. En este ranking publicado se incluyeron 70 países. El valor que se espera es un puntaje que oscila entre cero y diez; donde diez, es el nivel superior o de excelencia.

Como se puede apreciar en el registro del 2010, los países europeos nórdicos, siguen en la vanguardia, ocupando los primeros cuatro (4) lugares. El grupo de los siete (G7) mantiene posiciones privilegiadas, entre los primeros veintisiete (27). Y los tigres asiáticos, continúan en posición de alta competencia (Hong Kong=7, Singapur=8, Taiwán=12, Corea=13). Los restantes países europeos, tienen posiciones medias, oscilantes, con pequeñas variaciones entre ellos. La mayoría de Suramérica está registrada, ocupando chile una posición intermedia importante (30), seguido por los restantes seis, más abajo, e inclusive México (40). El resto de las posiciones son repartidas entre un grueso importante de economías de medio oriente, y asiáticas, como Israel (27), Emiratos Árabes (34), Arabia Saudita (51), India (58), Rusia (59), China (56) e Irán (68), entre otras. Se observa escaso registro del resto de los países africanos. La excepción es Sudáfrica en la posición 41 y más atrás, Egipto en la 57 y Nigeria en la 61. Y estos países anteriores, han tenido ligeras bajas, con respecto al eReadiness del 2007 (disponible en graphics.eiu.com/upload/EIU_Digital_economy_rankings_20 10_FINAL_WEB.pdf).

Índice de la network readiness (NRI, en inglés)

El índice de redes preparadas ("Network Readiness Index" - NRI, por sus siglas en inglés) anteriormente conducido por el Foro Económico Mundial y ahora es realizado por las organizaciones Network Readiness Index y Portulans Institute, mide el grado de preparación de una nación para participar y beneficiarse de los desarrollos de las tecnologías de información y comunicación. El índice principal se calcula a partir de tres componentes que abarcan: el entorno de las TIC´s ofertado por una comunidad o país dado, la preparación de los participantes claves de la comunidad (individuos, empresarios y gobiernos) para usar las TIC´s, y el uso actual de las TIC´s entre los participantes claves.

A su vez, cada componente se compromete con otras variables, como: a) entorno = 1/3 mercado + 1/3 factores regulatorios/políticos + 1/3 infraestructura; b) preparación = 1/3 preparación individual + 1/3 preparación empresas + 1/3 preparación del gobierno; y c) uso de TIC = 1/3 uso individual + 1/3 uso de empresas + 1/3 uso de gobierno, sobre la base de sesenta y cuatro (64) variables.

El último índice publicado, corresponde al 2019, sobre 121 economías y suministra un punto de referencia rápido sobre la actuación de una nación en la preparación e interconexión de las TIC´s. (disponible en networkreadinessindex.org/wp-content/uploads/2020/03/The-Network-Readiness-Index-2019-New-version-March-2020.pdf).

En el tope de esta reciente clasificación, sobre la base de cuatro grandes pilares: personas, tecnología, gobierno e impacto, presenta que los primeros diez, son importantes naciones europeas que como siempre, son parte de los países nórdicos (Suecia 1, noruega 4, Dinamarca 5 y Finlandia 6). Y tres del G7, con USA, Alemania y Reino Unido, en ese orden (8, 9, 10) respectivamente. De los tigres asiático, destaca Singapur en la posición dos (2). Por su parte Holanda tres (3) y Suiza de cuarto (4). Estos países son considerados en la categoría de alto impacto. Si de regional se trata, entonces los países que más destacan en su área local, son: en África; Mauritania (53), Suráfrica (72) y Ruanda (89). Estados árabes: Emiratos Árabes Unidos (29), Qatar (33), y Baréin (40). De Asia Pacifico, serian: Singapur (2), Japón (12) y Australia (13). Y de América: USA (8), Canadá (14) y Chile (42) por Suramérica. Por Europa ya los mencionamos.

Por la llamada Comunidad de Estados Independientes, están son: Rusia (48), Kazajistán (60) y Bielorrusia (61). Y el mejor posicionado por sur Asia es India (79). Las tres más grandes economías de Latinoamérica, están posicionadas, seguidas: México (57), Argentina (58) y Brasil (59). Al final, las primeras cuarenta y seis (46) economías son consideradas de alto impacto (esta última la ocupa Uruguay, y la excepción es Malasia en posición 32 y

China en la 41, con alto medio impacto). De allí para abajo, se consideran mayoritariamente de medio alto impacto, con algunas variantes como Kuwait (54), Omán (55), Trinidad y Tobago (64) y Panamá (74) que tienen alto impacto. Un resto de países asiáticos y africanos registrados, oscilan entre las categorías de medio bajo y bajo impacto. Y unos pocos, están medio alto impacto, a pesar de sus posiciones, incluidos algunos países latinoamericanos.

Índice de competencia global (ICG)

Este Índice (por sus siglas en inglés, GCI – Global Competitiveness Index), ha sido usado desde 2001 por el Foro Económico Mundial para describir la competitividad de las naciones. Con éste, se intenta organizar un número importante de factores económicos conocidos que afectan la productividad de un gran número de países, a pesar de que envuelve algunos compromisos, en términos de elección, de tales elementos. Agrupados en una simple estructura, suministra una supuesta visión holística de componentes que son críticos para la productividad y competitividad, dentro de doce pilares fundamentales, conjugados en un arreglo de factores elevados, interconectados, para dar una noción puntual de las economías más competitivas en el mundo. Así, se agrupan como: instituciones, infraestructura, adopción de la TICs, estabilidad macroeconomía, salud, educación, mercado productivo, mercado laboral, sistema financiero, tamaño del mercado, dinamismo empresarial, y capacidad de innovación.

De esta manera el reporte del 2019 muestra los resultados más recientes del ICG para ciento cuarentiunas (141) economías que reflejan diferentes etapas del desarrollo económico, donde el puntaje de progreso en una escala de 0 a 100, representa que 100 es la " frontera " o estado ideal en el que un problema deja de ser una limitación para el crecimiento de la productividad. Así que de seguida realizamos las valoraciones acostumbradas sobre los datos extraídos (disponible en www3.weforum.org/docs/WEF_TheGlobalCompetitivenessReport2019.pdf).

En el informe del 2019, son los tigres asiáticos quienes dominan el liderazgo de la competitividad mundial [Singapur (1) con 84.8 y Hong Kong (3) con 83.1, además de Taiwán (12) con 80.2 y Corea del sur (13) con 79.6]. Ya que son de las mejores economías asiáticas, con una alta calidad de infraestructuras, flexible, eficientes y saneados mercados, con una bien educada, fuerza de trabajo, operando más allá de los límites con adecuada tecnología, tanto en las empresas como a nivel del consumidor.

Por el G7, USA (2) con 83.7, Japón (6) con 82.3, Alemania (7) con 81.8, Reino Unido (9) con 81.2, Canadá (14) con 79.6, Francia (15) con 78.8 e Italia (30) despegada del grupo, con 71.5. No obstante, siguen manteniendo elevados niveles de desarrollo y competitividad. Sobre todo, Estados Unidos, con la hegemonía mundial.

Por el lado de los siempre supremacistas países nórdicos [Suecia (8) con 81.2, Dinamarca (10) con 81.2, Finlandia (11) con 81.2, Noruega (17) con 78.1] muy bien posicionados, e Islandia (26) con 74.7, con cierto y relativo alejamiento, entre ellos.

Se puede decir que las primeras 30 economías, con variación puntual de 13.3, entre Singapur que ocupa el primer lugar con 84.8 e Italia en la posición 30 con 71.5, y con una diferencia de la "Frontera", entre 15.2 y 28.5 puntos respectivamente, son de las mejores economías del mundo. Con una buena combinación general, relativo a un desarrollado marco institucional, un adecuado perfil estructural de la economía, con una importante combinación de gran capacidad de innovación y presencia de una altamente sofisticada cultura de negocios. En concordancia, con un flexible mercado de trabajo y excelente infraestructura, así como, un sostenido y apropiado impulso a la investigación y desarrollo, en estrecha colaboración con los centros de investigación científica y la industria, además de un alto nivel de educación superior. Y también presentan eficientes sistemas judiciales y un alto nivel de transparencia y responsabilidad en el sector público.

Pero también es bueno dejar constancia que las variaciones puntuales, expresan relativas debilidades en sectores y categorías particulares a cada país y región, en general, y así lo deja ver el reporte.

Entre los BRICS, China (28) es, con mucho, el país con mejor desempeño, por delante de la Federación Rusa (43), y 32 lugares por delante de Sudáfrica (60) y unos 40 lugares por delante de ambos: India (68) y Brasil (71).

Liderado por Singapur, Asia Oriental y la región del Pacífico es la más competitiva del mundo, seguida de Europa y América del Norte. Allí ya señalamos a los bien posicionados Hong Kong (3) y Japón (6) entre los 10 primeros. Y con un Vietnam (67), erigido según el informe, en el país que mejora más su puntuación a nivel mundial. Aunque esta región, alberga economías con importantes déficits de competitividad, como Camboya (106) y República Democrática Popular Lao (113).

Más allá de los países Europeos antes nombrados entre los primeros diez primero; están los Países Bajos (4), Suiza (5), y el resto, relativamente, bien posicionados, y se dice que el país que más ha mejorado en esa región, es Croacia (63).

Entre América Latina y el Caribe, es Chile (33) la economía más competitiva. Le siguen México (48), Uruguay (54) y Colombia (57). Brasil, que según el informe es la economía más mejorada de la región, ocupa el puesto 71; mientras que Venezuela (133, descendiendo) y Haití (138), cierran la región.

En Oriente Medio y África del Norte, Israel (20) y los Emiratos Árabes Unidos (25) lideran, seguidos de Qatar (29) y Arabia Saudita (36). Y Kuwait (46, subiendo), es de acuerdo con el informe, es el que más ha mejorado en la región, mientras que Irán (99) y Yemen (140) pierden algo de terreno.

Por el lado de Eurasia, las clasificaciones de competitividad, ven a la Federación Rusa (43) en la cima, seguida de Kazajstán (55) y Azerbaiyán (58), ambos, mejorando su desempeño.

En el sur de Asia, el informe agrega que la India (68) pierde terreno en la clasificación a pesar de un puntaje relativamente estable, debido a mejoras rápidas de varios países que antes estaban por debajo. Y Sri Lanka (84) señalado como el país que más ha mejorado en la región. Ya Bangladesh (105), Nepal (108) y Pakistán (110), ubicados en el cuarto o último cuartil.

Finalmente; aunque Mauricio (52) lidera en África subsahariana, el informe arguye que en general, es la región menos competitiva, con 25 de las 34 economías evaluadas con puntuaciones por debajo de 50. Sudáfrica (60), es la segunda más competitiva de la región, y Namibia (94), Ruanda (100), Uganda (115) y Guinea (122), se dice que mejoran significativamente. Pero se acota que entre las otras grandes economías de la región, Kenia (95) y Nigeria (116), aunque mejoraron, pierden algunas posiciones, superadas por países que escalan más rápidos.

Ranking mundial de competitividad digital (WDCR, en inglés)

Ahora, trataremos sobre un reciente indicador, procesado por la organización mundial IMD (Word Digital Competitiveness Ranking, WDCR) que analiza y clasifica el grado en que los países adoptan y exploran tecnologías digitales que conducen a la transformación de las prácticas gubernamentales, los modelos de negocio y la sociedad en general. Para ellos, la competitividad digital se ubica dentro de tres factores principales: conocimiento, tecnología y preparación futura. A su vez, cada uno de esos factores, los dividen en 3 sub factores que destacan cada faceta de las áreas analizadas. Y dentro de eso 9 sub factores, toman en cuenta, según su relevancia y aplicación, 51 criterios. De modo que los dividen en criterios duros o estrictos y de encuestas.

Los criterios estrictos representan un peso de 2/3 en la clasificación general, mientras que los datos de la encuesta representan un peso de 1/3. Y finalmente, expresan que la agregación de los resultados de los 9 sub factores (talento, entrenamiento y educación, concentración científica, marco normativo, capital, marco tecnológico, actitudes adaptativas, agilidad empresarial, integración de TI), hace la consolidación total, lo que conduce a la clasificación general del WDCR. Al final presentan convenientemente, el ranking (disponible en https://www.imd.org/wcc/world-competitiveness-center-rankings/world-digital-competitiveness-rankings-2019/).

Para la clasificación general de 2019, se centraron en 63 economías y los rankings se calculan sobre el sobre la base de 51 criterios clasificados: 31 duros o estrictos y 20 de encuestas de datos. Los países están clasificados de mayor a menor rango competitivo digital. Lo interesante de sus mediciones es que a diferencia de otros índices, incluyen en su rango digital, países dividido por tamaño de la población (poblaciones por encima y por debajo de 20 millones), por PIB per cápita para reflejar diferentes grupos de pares (por encima y por debajo de $ 20,000) y tres clasificaciones regionales extraídas de diferentes áreas geográficas (Europa-Medio África Oriental, Asia-Pacífico y América). Los resultados los podemos interpretar como sigue.

En 2019, las cinco principales economías que dominan la medición son: USA (1), Singapur (2), Suecia (3), Dinamarca (4) y Suiza (5). Y según el informe, comparten un hilo conductor en la generación de conocimiento, pero abordando la competitividad digital de manera diferente. El restante grupo de los siete (G7), fuera de USA, se ubican desde la posición once (11) con Canadá (Reino Unido 15, Alemania 17, Japón 23, Francia 24) hasta la lejos Italia, en la 41. Se observa que los Tigres asiáticos con Singapur a la cabeza (Hong Kong 8, Corea del Sur 10, y Taiwán 13), tienen una importante ubicación en esta medición sobre competitividad digital. Y qué decir de los países nórdicos que ventajosamente se ubican (Suecia 3, Dinamarca 4, Finlandia 7, Noruega 9) en las primeras diez posiciones, salvo Islandia que están en el lugar 27, pero nada despreciable.

Si queremos referirnos al grupo BRICS, se ubican progresivamente, como: China 22, Rusia 38, India 44, Suráfrica 48, y Brasil 57.

De Europa, a excepción de los señalados en grupo, es los Países Bajos quien está mejor posicionado en la 6. Y más abajo, les siguen Irlanda (19) y Austria en los primeros veinte. Destacan por demás, del medio oriente, los Emiratos Árabes Unidos (15) e Israel (16), bien ubicados. Australia (14) y Nueva Zelandia (18) con ventajosas posiciones. Por Latinoamérica, Chile (42) y México (49) respectivamente, como las mejores. El resto de los lugares, son de economías importantes de Europa, Asia, medio oriente y algunas latinoamericanas, pero de África, salvo Suráfrica, no hay ninguna economía registrada.

Índice de la sociedad de la información (ISI)

El índice de la sociedad de la información (ISI), elaborado por IDC-Word Times y registrado desde mediados de los años noventa del siglo pasado (fueron los primeros en hacer mediciones de la SI), tiene como propósito; medir el grado de desarrollo de este tipo de sociedad en cada país, poniendo especial atención en el uso de las TIC´s y en aspectos generales relacionados con el ámbito social, emitiendo una ubicación relativa en cada categoría, y una posición final para el año asociado a la medición. Para ello, cataloga cuatro aspectos relacionados: disponibilidad de computadores y software, disponibilidad de redes de comunicación, uso de Internet y del comercio electrónico, y aspectos sociales como la educación y la disponibilidad de información, sobre la base de veintitrés (23) indicadores. Hasta ahora, en su análisis, cubren a 53 países. Cada uno, valorado en su condición particular sobre los aspectos señalados (disponible en http://www.idc.com/groups/isi/main.html).

Esta medición que data del 2005, marcando la pauta de la época, a este tiempo, no es muy distinta a la semeja en los otros indicadores, en razón de que son los países nórdicos, los que señalan el camino, al ocupar las primeras posiciones (Suecia 1, Dinamarca 2, Islandia 3, Noruega 5, Finlandia 8). Los tigres asiáticos, mantienen importantes posiciones entre los primeros diez, a excepción de Singapur en la 14, pero nada despreciable (Corea 4, Hong Kong 7, Taiwán 9). Los países más desarrollados que conforman el grupo de los siete (Canadá 10, USA 11, Reino Unido 12,

Japón 15, Alemania 18, Italia 22, Francia 23), conservan importante posiciones entre los primeros diez y veinticinco. Por parte de Europa, el mejor posicionado es los Países Bajos (6), y en él según decálogo, están Suiza (13), Luxemburgo (16), Austria (17) y Bélgica (20). Un resto de los países asociados a la unión europea, hacen presencia.

Por el lado de medio oriente, Israel es el mejor ubicado (22), luego Emiratos Árabes (32) y más lejos, Egipto (46) y Arabia Saudita cerca del final (47). Caso particular del sur del mundo, son Australia (19) y Nueva Zelanda (21). En el caso Latinoamericano, Chile ocupa una posición relevante (29). Más abajo, consecutivamente, Argentina, México y Brasil (posiciones 37, 38, 39), luego, Colombia y Venezuela (en la posición 42 y 45 respectivamente), ubicados en el cuartil cuarto. Los países Asiáticos de mejor economía presentes pero dispersos – Malasia (36), más allá, Rusia (41), Tailandia (42), China (44) – y la gigante India, lejos en la ubicación cincuenta y uno (51). De África, el mejor posicionado es Sudáfrica en el puesto treinta y cuatro (34).

Después de haber revisado los indicadores anteriores, ser presenta a continuación, un resumen de las posiciones que ocupan, los primeros cincuenta países, dentro las mediciones sobre la sociedad mundial con reciente data, en el cuadro n° 5. A fin de ver a simple vista que tanto los países avanzados como lo emergentes, se mantienen con leves variaciones entre un año a otro, o entre los diferentes indicadores. Por demás, son los países de ciertos sectores de Asia, así como la mayoría de Latinoamérica y África, respectivamente, quienes se ubican por debajo de los primeros cincuenta, en términos de posiciones medias y medias baja a inferiores Y en ello rondan, casi 150 países reconocidos por la ONU.

Cuadro n° 5. Valores de los primeros 50 países consultados por índices, comparativamente

GCI 2019 país/pos.	NRI 2019 país/pos.	IDI 2017 país/pos.	WDCR 2019 país/pos.	DER 2010 país/pos.	IOD 2005 país/pos.	ISI 2005 país/pos.	IAD 2003 país/pos.
Singapur 1	Suecia 1	Islandia 1	USA 1	Suecia 1	Corea 1	Dinamarca 1	Suecia 1
USA 2	Singapur 2	Rep. Corea 2	Singapur 2	Dinamarca 2	Japón 2	Suecia 2	Dinamarca 2
Hong Kong 3	Países bajos 3	Suiza 3	Suiza 3	USA 3	Dinamarca 3	USA 3	Islandia 3
Países bajos 4	Noruega 4	Dinamarca 4	Dinamarca 4	Finlandia 4	Islandia 4	Suiza 4	Corea 4
Suiza 5	Suiza 5	Reino Unido 5	Suiza 5	Países bajos 5	Hong Kong 5	Canadá 5	Noruega 5
Japón 6	Dinamarca 6	Hong Kong 6	Países bajos 6	Noruega 6	Suecia 6	Países bajos 6	Países Bajos 6
Alemania 7	Finlandia 7	Países bajos 7	Finlandia 7	Hong Kong 7	Reino Unido 7	Finlandia 7	Hong Kong 7
Suecia 8	USA 8	Noruega 8	Hong Kong 8	Singapur 8	Noruega 8	Corea 8	Finlandia 8
Reino Unido 9	Alemania 9	Luxemburgo 9	Noruega 9	Australia 9	Países bajos 9	Noruega 9	Taiwán 9
Dinamarca 10	Reino Unido 10	Japón 10	Rep. Corea 10	Nueva Zelandia 10	Taiwán 10	Reino Unido 10	Canadá 10
Finlandia 11	Luxemburgo 11	Suecia 11	Canadá 11	Canadá 11	Macao, China 11	Hong Kong 11	USA 11
Taiwán, China 12	Japón 12	Alemania 12	Emir.Ár ab.Unidos 12	Taiwán 12	Australia 12	Australia 12	Reino Unido 12
Rep.	Austra-	Nueva	Taiwán	Rep.	Israel	Singa-	Suiza

GCI 2019 país/pos.	NRI 2019 país/pos.	IDI 2017 país/pos.	WDCR 2019 país/pos.	DER 2010 país/pos.	IOD 2005 país/pos.	ISI 2005 país/pos.	IAD 2003 país/pos.
Corea 13	lia 13	Zelandia 13	, China 13	Corea 13	13	pur 13	13
Canadá 14	Canadá 14	Australia 14	Australia 14	Reino Unido 14	Canadá 14	Austria 14	Singapur 14
Francia 15	Austria 15	Francia 15	Reino Unido 15	Austria 15	Suiza 15	Alemania 15	Japón 15
Australia 16	Nueva Zelanda 16	USA 16	Israel 16	Japón 16	Singapur 16	Bélgica 16	Luxemburgo 16
Noruega 17	Rep. Corea 17	Estonia 17	Alemania 17	Irlanda 17	Finlandia 17	Nueva Zelanda 17	Austria 17
Luxemburgo 18	Francia 18	Singapur 18	Nueva Zelandia 18	Alemania 18	Luxemburgo 18	Japón 18	Alemania 18
Nueva Zelandia 19	Irlanda 19	Mónaco 19	Irlanda 19	Suiza 19	Alemania 19	Francia 19	Australia 19
Israel 20	Bélgica 20	Irlanda 20	Austria 20	Francia 20	Estonia 20	Taiwán 20	Bélgica 20
Austria 21	Islandia 21	Austria 21	Luxemburgo 21	Bélgica 21	USA 21	España 21	Nueva Zelanda 21
Bélgica 22	Israel 22	Finlandia 22	China 22	Bermuda 22	Eslovenia 22	Israel 22	Italia 22
España 23	Estonia 23	Israel 23	Japón 23	Malta 23	Bélgica 23	Irlanda 23	Francia 23
Irlanda 24	Hong Kong 24	Malta 24	Francia 24	España 24	Austria 24	Italia 24	Eslovenia 24
Emirat. Árabes Unidos 25	España 25	Bélgica 25	Bélgica 25	Estonia 25	España 25	Portugal 25	Israel 25
Islandia 26	Malta 26	Macao, China 26	Malasia 26	Israel 26	Nueva Zelanda 26	Eslovenia 26	Irlanda 26
Malasia 27	Eslovenia 27	España 27	Islandia 27	Italia 27	Francia 27	Rep. Checa 27	Chipre 27
China 28	Portugal 28	Chipre 28	España 28	Portugal 28	Italia 28	Hungría 28	Estonia 28
Qatar 29	Emirat. Árabes Unidos 29	Canadá 29	Estonia 29	Eslovenia 29	Malta 29	Chile 29	España 29

GCI 2019 país/pos.	NRI 2019 país/pos.	IDI 2017 país/pos.	WDCR 2019 país/pos.	DER 2010 país/pos.	IOD 2005 país/pos.	ISI 2005 país/pos.	IAD 2003 país/pos.
Italia 30	Rep. Checa 30	Andorra 30	Lituania 30	Chile 30	Bahamas 30	Grecia 30	Malta 30
Estonia 31	Lituania 31	Bahréin 31	Qatar 31	Rep. Checa 31	Irlanda 31	Croacia 31	Rep. Checa 31
Rep. Checa 32	Malasia 32	Bielorrusia 32	Eslovenia 32	Emirat. Árabes Unidos 32	Lituania 32	Emirat. Árabes Unidos 32	Grecia 32
Chile 33	Qatar 33	Eslovaquia 33	Polonia 33	Grecia 33	Bahréin 33	Polonia 33	Portugal 33
Portugal 34	Italia 34	Barbados 34	Portugal 34	Lituania 34	Hungría 34	Sur África 34	Emirat. Árabes Unidos 34
Eslovênia 35	Eslovaquia 35	letonia 35	Kazajistán 35	Hungría 35	Chipre 35	Eslovaquia 35	Macao, China 35
Arabia Saudita 36	Chipre 36	Croacia 36	Letonia 36	Malasia 36	Emirat. Árabes Unidos 36	Malasia 36	Hungría 36
Polonia 37	Polonia 37	San Cristóbal y Nieves 37	Rep. Checa. 37	Letonia 37	Eslovaquia 37	Argentina 37	Bahamas 37
Malta 38	Hungría 38	Grecia 38	Rusia 38	Eslovaquia 38	Barbados 38	Brasil 38	San Cristóbal y nieves 38
Lituania 39	Letonia 39	Qatar 39	Arabia Saudita 39	Polonia 39	Polonia 39	México 39	Polonia 39
Tailandia 40	Bahréin 40	Emirat. Árabes Unidos 40	Tailandia 40	Sur África 40	Chile 40	Bulgaria 40	Eslovaquia 40
Letonia 41	China 41	Lituania 41	Italia 41	México 41	Portugal 41	Rusia 41	Croacia 41
Eslovaquia 42	Chile 42	Uruguay 42	Chile 42	Brasil 42	Grecia 42	Tailandia 42	Bahréin 42
Rusia 43	Grecia 43	Rep. Checa 43	Hungría 43	Turquía 43	Rep. Checa 43	Colombia 43	Chile 43
Chipre	Croa-	Portu-	India	Jamai-	Qatar	China	Antigua

GCI 2019 país/pos.	NRI 2019 país/pos.	IDI 2017 país/pos.	WDCR 2019 país/pos.	DER 2010 país/pos.	IOD 2005 país/pos.	ISI 2005 país/pos.	IAD 2003 país/pos.
44	cia 44	gal 44	44	ca 44	44	44	y Barbuda 44
Bahréin 45	Arabia Saudita 45	Rusia 45	Bulgaria 45	Bulgaria 45	Croacia 45	Venezuela 45	Barbados 45
Kuwait 46	Uruguay 46	Eslovaquia 46	Rumania 46	Argentina 46	Bulgaria 46	Egipto 46	Malasia 46
Hungría 47	Rumania 47	Italia 47	Eslovaquia 47	Rumania 47	Brunei 47	Arabia Saudita 47	Lituania 47
México 48	Rusia 48	Hungría 48	Sur África 48	Trinidad & Tobago 48	Letonia 48	Rumania 48	Qatar 48
Bulgaria 49	Bulgaria 49	Polonia 49	México 49	Tailandia 49	Kuwait 49	Filipinas 49	Brunei 49
Indonesia 50	Costa Rica 50	Bulgaria 50	Jordania 50	Colombia 50	Mauricio 50	Turquía 50	Letonia 50

Fuente: varias instituciones mencionadas, elaboración propia

Colofón

Sin lugar a dudas, los países mejor posicionados en los índices globales sobre la medición de las sociedad de la información, son los países nórdicos (Noruega, Suecia, Finlandia y Dinamarca) que siempre se presentan muy apareados, en conjunción con los tigres asiáticos (Singapur, Hong Kong, Taiwán y Corea del Sur) y en estrecha posición con los países que conforman el grupo de los siete a nivel mundial (G7; Estados Unidos, Canadá, Italia, Alemania, Francia, Reino unido/Inglaterra y Japón), alternándose en posiciones relevantes entre los quince primeros. Y a cierta distancia, con pocas variaciones, el restante de los más significativos países europeos. Muy por debajo se encuentran países asiáticos con un amplio poderío económico y político como Rusia y China y poblacional como India. Y se encuentran mejor posicionados, un grupo restante de los países asiáticos que estos últimos.

Más distantes: los países latinoamericanos; los que forman el medio oriente; y la mayoría de los africanos, en los últimos lugares, salvo contadas excepciones. El país latinoamericano que mejor sobresale en todas las mediciones, ocupando una posición relativamente importante, entre los primeros cuarenta países, es siempre chile. Bastantes rezagados, están Brasil y México, y el remanente de los países suramericanos que suelen aparecer en todos los índices.

Estos indicadores, dejan ver; un muy significativo panorama de la realidad mundial en general y de la situación de la sociedad de la información, en particular. De alguna manera, las mediciones reflejan tanto los avances logrados por los países en los últimos años como sus puntos fuertes y sus relativas debilidades sociotécnicas y/o socioeconómicas. Sobre todo en lo que se ha dado en priorizar, que es; disponer en primera instancia, de una infraestructura tecnológica para suavizar el primer obstáculo que representa reducir la brecha digital. Además de que estos índices, permitir comparar naciones, sus fortalezas y debilidades. No obstante, todavía falta camino por recorrer para llegar a un acuerdo sobre un conjunto de indicadores comunes que se presten a ser los más expeditos, transparentes y precisos; de aceptación universal con relación a la medición de la aclamada sociedad de la información.

Aparte de que se observan dudas sobre la manera en que se localizan, recolectan y se compilan los insumos que alimentan los diferentes índices, sobre todo, cuando se trata de realizar una comparación en el plano internacional. Bien sea porque el país no dispone de la correspondiente estadística, o bien, porque; ¿cómo se significa una determina variable en términos de los medidores que asumen una posición política o económica?, para valorar cosas que están inmersas en ciertos índices, a saber: libertad de expresión, libertades sociales, libertades económicas, libertad de comunicación, etc., sobre todo, si el modelo de desarrollo del país es antagónico con el neo liberalismo/capitalismo, como es el caso de Corea del norte que no existe en ninguna medición. Pero que tiene poderío nuclear y tecnológico.

Esta situación parece afectar las valoraciones que se tienen sobre países que divergen en ese sentido; como es el caso de Rusia, China, Irán, Cuba, Venezuela, Corea del norte, entre otros. Aún más, los índices en su generalidad, no contemplan una relación significativa que pondere en su medición, el peso que tiene el espacio territorial frente a densidad poblacional, o viceversa. En vista de que países que tienen poco territorio, y por ende, poca población, como es el caso de los países del norte europeo, suelen aparecer en posiciones privilegiadas. No así, los de grandes en extensión de terreno y alta densidad poblacional, como es el caso de los países más poblados del mundo: China y la India, entre muchos. Que tienen que lidiar con complejidades superiores, en relación a otros, con menores rigores societales.

6

ALGUNAS ACCIONES ESTRATEGICAS DE CARÁCTER INTERNACIONAL SOBRE LA SOCIEDAD DE LA INFORMACION MUNDIAL

Iniciativa norteamericana

Es ciertamente, después de la segunda guerra mundial, impulsado por el poderoso país norteamericano – abanderado de la guerra– que se da cabida a un impresionante desarrollo industrial de la computación, las telecomunicaciones y los sistemas de cualquier naturaleza, con el claro objetivo por parte de estos, de asegurarse el domino mundial de la seguridad, defensa y hegemonía, así como el mantenimiento futuro de la posición de liderazgo planetario de su industria informática y de telecomunicaciones. Los grandes avances y desarrollo científico se dieron cita en el valle de Silicón, en California. Las grandes alianzas entre el gobierno norteamericano y los emporios industriales, en convivencia con los centros de investigación académicos de las universidades, así como los emprendedores y el caudal de proliferación de innovaciones, hicieron posible, tales cometidos.

Desde la administración Norteamericana de Clinton a mediados de la época de los años noventa del siglo pasado, se propusieron una serie de planes dirigidos por su artífice, el vicepresidente Al Gore; cuya idea era una iniciativa emprendedora de la Infraestructura Nacional de Información (NII, por sus siglas en ingles), con el propósito de impulsar la superautopista de la información, y con ello lo que se ha dado en llamar Internet y más tarde, por los centros académicos, una nueva versión que los cobija, la "Internet 2". Es decir, una red mundial de redes de telecomunicación que tal como expreso Gore, "cambiará para siempre el modo en que los ciudadanos de todo el mundo viven, aprenden, trabajan y se comunican entre sí".

De este modo, el interés de su propuesta contempla cinco principios fundamentales sobre los cuales construir su idea de una economía de la información –término que más arropan los norteamericanos–, obviamente dentro del esquema capitalista: inversión privada, competencia, regulación flexible, acceso abierto y servicio universal. Según él, estos principios acelerarían el desarrollo de la NII y asegurarían su continuidad, sobre todo, en estrecha vinculación tanto con sus intereses particulares como con el resto de las naciones del mundo. En este sentido, la estrategia política estadounidense, auspiciada por la administración Clinton, se fundamenta en la innovación, la competitividad y el empleo, sobre la base de importantes acciones perseguidas en la diversidad de documentos emitidos e instituciones creadas para llevar a cabo tan ardua labor, como se sabe:

- En el documento Technology for America's Economic Growth, de Clinton (1993) (disponible en la dirección electrónica http://simr02.si.ehu.es/DOCS/nearnet.gnn.com/mag/10_93/articles/clinton/clinton.tech.html), impulsa las políticas dirigidas hacia la investigación en tecnología como "la investigación es el futuro de América": crecimiento económico, alta educación, alto salario, ambiente limpio con eficiente incremento de los beneficios de la energía y reducción de la polución; fuerte y competitivo sector privado para mantener el liderazgo norteamericano en el mercado mundial critico; un sistema de educación donde cada estudiante sea competitivo; y una comunidad de investigadores en CT+I, enfocados no solamente en la seguridad nacional sino en una mayor calidad de vida. Así se deja ver que la tecnología norteamericana debe moverse en una nueva dirección que construya una fuerte economía y crecimiento económico sostenido.

- el documento sobre los *Principios fundamentales de la construcción de una sociedad de la información* (Disponible en: http://usinfo.state.gov/journals/itgic/0996/ijgs/ijgs0996.htm), donde el Vicepresidente Gore (1996), hace mención que los cinco principios ya habían sido aprobados en Buenos Aires en 1994, en la reunión de la UIT (ITU) y se afirmaron en 1995, en la Reunión Ministerial de Telecomunicaciones del G-7, celebrada en Bruselas. Y en una amplia gama de foros regionales y multilaterales, cumbres y reuniones internacionales, así como se mencionó en la Conferencia de la Sociedad de la Información y el Desarrollo. Gore sostiene que todos los principios están estrechamente vinculados entre sí y dependen uno del otro para cobrar fuerza, en el entendido de que se debe reflexionar sobre como ellos pueden "adelantar tanto los intereses particulares de las naciones individuales como los intereses comunes de todos los ciudadanos del mundo". Afirma que lo primero que la administración Clinton inició fue la promulgación de una Ley de Reforma de las Telecomunicaciones en 1996. Finaliza llamando a todo el mundo a unírsele en la construcción de lo que a su juicio debería ser "el primer gran logro del siglo XXI".

De esta manera Estados Unidos emprende toda una serie de planes y estrategias nacionales como internacionales, así como la creación de nuevas instituciones para cumplir su objetivo, dirigido a lo que llaman la Infraestructura Global de Información (GII, por sus siglas en ingles), entre muchas:

- la National Information Infrastructure (NII, por sus siglas en inglés, es disponible en www.ibiblio.org/nii/NII-Table-of-Contents.html)

- Information Infrastructure Task Force (IITF, por sus siglas en ingles es disponible en www.iitf.doc.gov), creada por la casa blanca para formular y poner en marcha las ideas de la administración sobre la Infraestructura Nacional de Información (NII)

- Administración Nacional de Telecomunicaciones e Información (NTIA por sus siglas en inglés, es disponible en http://www.ntia.doc.gov), depende del Departamento de Comercio de Estados Unidos, en conexión con otros organismos del gobierno que trabajan con telecomunicaciones e información, para construir la superautopista de la información.

- Servicio de Información Técnica Nacional (NTIS, por sus siglas en inglés, es disponible en www.ntis.gov)

- Centro Nacional de Transferencia de la Tecnología (NTTC, por sus siglas en inglés, es disponible en www.nttc.edu)

- Oficina de la Administración General de Servicios de Tecnologías de Información (disponible en http://www.itpolicy.gsa.gov), encargada de las Políticas de Tecnologías de la Información para el Gobierno Federal de los Estados Unidos.

- Advanced Technology Program (ATP, por sus siglas en inglés, es disponible en www.atp.nist.gov)

- National Science Foundation (NSF, por sus siglas en inglés, es disponible en www.nsf.gov)

- Infraestructura Global de Información (GII, por sus siglas en inglés, es disponible en www.gii.org)

Iniciativas de la Unión Europea (UE)

La Unión Europea (UE) ha emprendido fuerte y decididamente a lo largo de los últimos veinte años una serie de acciones, políticas, planes y marcos regulatorios con la idea de montarse en la cresta de la ola de la sociedad de la información (SI), impulsada prioritariamente por la Comisión Europea (disponible en: ec.europa.eu/information_society/policy/index_es.htm). Si bien, puede decirse que las iniciativas europeas comienzan en 1987 cuando se publica el libro verde sobre la liberación de las telecomunicaciones, es realmente en 1993 con el libro blanco sobre "Crecimiento, competitividad y el empleo: retos y pistas para entrar en el siglo XXI", que se precisan las primeras acciones para empujar el uso mayoritario de las TIC en la UE, con la idea de impulsar y apostar al éxito de la SI, mediante la apertura de nuevos mercados, el crecimiento económico, un ambiente competitivo para las empresas europeas tanto a nivel interno como internacional, la creación de empleo y mayor calidad de vida para los europeos, y desreglamentación e infraestructura de información de alcance general.

En función de ello, al año siguiente de estas publicaciones, se proponen concretar acciones, cuando se lanza el informe Bangemann sobre: "Europa y la Sociedad Global de la Información. Recomendaciones al Consejo Europeo" (disponible en: europa.eu.int/ISPO/infosoc/backg/bangeman.html), que dará un apoyo decidido a la construcción de este tipo de sociedad en Europa. En éste, se proponen diez lineamientos prioritarios para su desarrollo, como se sabe: teletrabajo; educación a distancia; red de universidades y centros de investigación; servicios telemáticos para las PYMES; gestión del tráfico por carretera mediante soluciones telemáticas; control del tráfico aéreo mediante vías electrónicas; red de asistencia sanitaria; licitación electrónica para la construcción de una red europea; red trans-europea de Administraciones Públicas; y autopistas urbanas de Información.

A partir de allí, en ese mismo año –1994– se elabora un plan de acción de la Comisión Europea titulado; "Europa en marcha hacia la Sociedad Global de la Información: plan de actuación" (disponible en:

europa.eu.int/ISPO/docs/htmlgenerated/i_COM(94)347final.html#TOP), que va a definir las políticas europeas tendentes a generar actividad económica en torno a las TIC, así como; con los servicios de información en Europa. Los ámbitos que abarca son: marco reglamentario y jurídico; las redes, servicios básicos, aplicaciones y contenidos; aspectos sociales y culturales; y la promoción de la sociedad de la información.

Luego de una revisión al plan en 1996 para observar los logros alcanzados, y el auge de Internet, así como la emergente economía de la información; en 1999, la comisión europea propone una iniciativa denominada "eEurope: una Sociedad de la Información para todos" (disponible en: europa.eu/scadplus/leg/es/lvb/l24221.htm) que aceptada por el Consejo europeo, da cabida en el año 2000, a un objetivo estratégico para la primera década del siglo XXI, conocido como "convertirse en la economía basada en el conocimiento más competitiva y dinámica del mundo", y tres objetivos principales, a saber: llevar la era digital y la comunicación en línea a cada ciudadano, hogar y escuela, y a cada empresa y administración; crear una Europa que domine el ámbito digital, basada en un espíritu emprendedor, dispuesto a financiar y desarrollar las nuevas ideas; y velar por que todo el proceso sea socialmente integrador, afirme la confianza de los consumidores y refuerce la cohesión social.

Para el año 2002, se auspicia un nuevo plan de acción conocido como el "eEurope 2002: impacto y prioridades" (disponible en: europa.eu/scadplus/leg/es/lvb/l24226a.htm) que tiene como objetivo fundamental: aumentar el número de conexiones a Internet en Europa, abrir el conjunto de las redes de comunicación a la competencia y estimular el uso de Internet, haciendo hincapié, en la formación y la protección de los consumidores. Así, circunscrito en el marco de la estrategia de Lisboa que apuesta por "convertir a la Unión Europea en la economía del conocimiento más dinámica y competitiva del mundo de aquí a 2010", se toman acciones sobre tres objetivos claves que debían alcanzarse para finales de 2002, consistentes en: una Internet más rápida, barata y segura; invertir en las personas y en la formación; y estimular el uso de Internet.

De esta manera, persiguen prioritariamente que todos los europeos y europeas entren en la era digital y estén conectados a la red; crear en Europa una cultura y un espíritu empresarial abiertos a la cultura digital y garantizar que el proceso no se traduzca en exclusión social, sino que se gane la confianza de los consumidores y refuerce la cohesión social. Esta iniciativa eEurope 2002 ha cubierto diez áreas prioritarias: educación, acceso a Internet, comercio electrónico, redes de Investigación, tarjetas inteligentes, capital riesgo, participación electrónica, salud "on line", transporte inteligente, y administración pública "on line".

En el 2005, se lanzó una nueva iniciativa sustentada en el "plan de acción eEurope 2005" (disponible en: http://europa.eu/scadplus/leg/es/lvb/l24226.htm) que sustituye al del 2002, dirigido sobre todo hacia la extensión de la conectividad de Internet en Europa. Este nuevo plan de acción, procura que la expansión de la conectividad mejore tanto la productividad económica como la calidad y la accesibilidad de los servicios en favor del conjunto de los ciudadanos europeos, basándose en una infraestructura de banda ancha segura y disponible para la mayoría. Con este propósito se busca alcanzar los siguientes objetivos prioritarios, de acuerdo a: modernos servicios públicos en línea; un ambiente de e-gobierno, e-aprendizaje y e-salud; marco dinámico para los e-negocios; infraestructura de información segura; disponibilidad masiva de acceso a banda ancha a precios competitivos; y evaluación comparativa y difusión de buenas prácticas (e-cultura).

El último de los planes de acción conocido para ese entonces, fue el propuesto en el 2005, como; "i2010 - Una sociedad de la información europea para el crecimiento y el empleo" (disponible en:

europa.eu/scadplus/leg/es/cha/c11328.htm), con el propósito de coordinar la acción de los Estados miembros para facilitar la convergencia digital y afrontar los desafíos vinculados a la sociedad de la información. Para ello, la Comisión propuso tres prioridades que deben cumplirse antes de 2010: la consecución de un espacio europeo único de la información, el refuerzo de la innovación y de la inversión en el campo de la investigación en las tecnologías de la información y la comunicación (TIC), y la consecución de una sociedad de la información y de medios de comunicación basada en la inclusión.

Dentro del proceso de revisión, entre 2010-2020, la Unión Europea se planteó en junio del 2010, sacar a la UE de la crisis y prepararse para la siguiente década. De allí que se plantearon la estrategia *Europa 2020* con un nuevo plan de acción que suprimiera los obstáculos que le impiden obtener un máximo rendimiento de las TIC. Así, consideran tres acciones concretas sobre "Crecimiento inteligente, crecimiento sostenible y crecimiento integrador", y siete objetivos dentro de una agenda digital que persigue: crear un mercado único digital; mejorar las condiciones para los productos TIC e interoperabilidad entre los servicios; impulsar la confianza y la seguridad internet; garantizar un acceso a internet mucho más rápido; estimular la inversión en investigación y desarrollo; mejorar el conocimiento de los ciudadanos, las habilidades y la inclusión digital; y aplicar las TIC para abordar los retos de la sociedad actual.

Como quiera que estemos en el 2020, harán de nuevo sus revisiones, luego de este año y de la pandemia en curso, y suponemos que después los resultados, se propondrán a un nuevo plan de acción. Pero lo que si queda claro es que todas estas experticias que ha ejecutado la UE, indican de alguna manera, el porque la mayoría de los países europeos se encuentran ocupando las primeras posiciones de los índices actuales que intentan medir el desarrollo sobre la vibrante sociedad de la información con sus variaciones particulares.

Iniciativa de las Naciones Unidas

Las Naciones Unidas, organización internacional (ONU) creada después de finalizada la segunda guerra mundial, es un órgano de dirección del concierto mundial que persigue la igualdad soberana entre sus miembros, con el firme propósito de mantener según establece su carta fundacional "la paz y seguridad internacional", así como auspiciar políticas para el desarrollo de las naciones dentro de un escenario de cooperación internacional que permitan solventar problemas puntuales, tanto de carácter mundial como particular, en aspectos económicos, sociales, culturales o humanitarios, y también, no menos importante, el fomento y respeto de los derechos humanos y las libertades fundamentales.

Para ello, las Naciones Unidas han creado una serie de organismos en diferentes instancias que procuran tan ardua labor. Un caso especial es el que compone la Unión Internacional de Telecomunicaciones (UIT) y el Grupo Especial de las Naciones Unidas sobre las TIC (NU TIC), a quienes se le han encomendado iniciativas prioritarias referidas a la promoción de la sociedad de la información mundial.

En el año 2000, la asamblea de las naciones unidad, celebro unas sesiones dentro de lo que se catalogó como la "Cumbre del Milenio", integrada por ciento noventa y un (191) países (189 Estados Miembros), en la que emitieron un acuerdo conjunto sobre los valores comunes de paz y seguridad, la protección de los derechos humanos y las condiciones de vida adecuadas que garanticen la dignidad básica de todos los pueblos, firmado como la "Declaración del Milenio". En ella se propusieron ocho objetivos del milenio (ODM), dieciocho metas, y cuarenta y ocho indicadores. Es así que este acuerdo, dio lugar a un importante programa de desarrollo mundial. Es precisamente en el objetivo 8 que postula el fomento del desarrollo y la meta 18 que insta a aprovechar las nuevas tecnologías como las tecnologías de información y comunicación, punto focal para la estrategia referida a la cumbre sobre la sociedad de la información mundial (disponible en www.un.org/spanish/millenniumgoals/index.html).

En la Conferencia de Plenipotenciarios de la UIT de 1998, realizada en Túnez, se apuesta por primera vez, a la ejecución de una cumbre mundial sobre la sociedad de la información. Esta idea inicial se hace oficial cuando la Asamblea General de las Naciones Unidas acoge con beneplácito, en su Resolución 56/183 del 21 de diciembre de 2001, la ya antes aprobada decisión del Consejo de la Unión Internacional de Telecomunicaciones (UIT), por petición de su secretario, de celebrar una Cumbre Mundial sobre la Sociedad de la Información en dos fases: la primera en Ginebra, en el 2003, y la segunda, en Túnez, en el 2005.

La primera fase de la Cumbre Mundial sobre la Sociedad de la Información (CMSI), se celebró en Ginebra entre el 10 y el 12 de diciembre de 2003, dirigida por la UIT. Como en toda cumbre, a la culminación, se emitió una declaración de principios a partir de la idea de "Construir la sociedad de la información: un desafío global para el nuevo milenio" (disponible en: www.itu.int/wsis) basada en una visión común de la sociedad de la información; centrada en la persona, integradora y orientada al desarrollo; afirmando el derecho a que toda persona, comunidad o pueblo; pueda crear, consultar, utilizar y compartir la información y el conocimiento, a fin de mejorar su calidad de vida, y también, promover el desarrollo sostenible, en sintonía con la Carta de las Naciones Unidas, la Declaración Universal de los Derechos Humanos, la Democracia y la afirmación de los Estados soberanos, y los Objetivos del Milenio (2000-2015).

De esta manera, aceptan la construcción de una Sociedad de la Información integradora que requiere nuevas modalidades de solidaridad, asociación y cooperación entre los gobiernos y demás partes interesadas, y que reviste características claves a tener en cuenta: el desarrollo de la ciencia y la tecnología, en particular, las tecnologías de información y comunicación; la educación; el conocimiento; la información y la comunicación; y en especial atención: a la persona en su condición de niño, joven, mujer, de la tercera edad, discapacitados, vulnerables, pobres, marginados y excluidos, individual y/o grupalmente, etc. Por esa vía, se proponen alcanzar lo que se propuso como un objetivo ambicioso: "colmar la brecha digital y garantizar un desarrollo armonioso, justo y equitativo para todos".

Entre los principios fundamentales para construir una sociedad de la información para todos, se propusieron en esta cumbre, los siguientes:

1. La función de los gobiernos y de todas las partes interesadas en la promoción de las TIC para el desarrollo
2. Infraestructura de la información y las comunicaciones: fundamento básico
3. Acceso a la información y al conocimiento
4. Creación de capacidad
5. Fomento de la confianza y seguridad en la utilización de las TIC
6. Entorno propicio a nivel nacional e internacional
7. Aplicaciones de las TIC: beneficios en todos los aspectos de la vida
8. Diversidad e identidades culturales, diversidad lingüística y contenido local
9. Medios de comunicación
10. Dimensiones éticas de la Sociedad de la Información
11. Cooperación internacional y regional

Un aspecto desarrollado en ésta cumbre, basado en el intercambio de conocimientos para el logro de este tipo de sociedad mundial, fue la propuesta de la aplicación de un plan de acción, evaluación y seguimiento de los adelantos para la reducción de la brecha digital, dentro de lo que catalogaron como una incipiente sociedad de la información, cuando afirman que "estamos entrando colectivamente en una nueva era que ofrece enormes posibilidades, la era de la Sociedad de la Información y de una mayor comunicación humana". Es decir, hay un reconocimiento explícito a que este proceso está a duras penas, en marcha, aunque se apuesta por su éxito y beneficios.

El plan de actuación propuesto, que supone una plataforma dinámica para promover a la sociedad de la información en los niveles regional, nacional e internacional, contempla unos objetivos generales, a saber: construir una Sociedad de la Información integradora; poner el potencial del conocimiento y las TIC al servicio del desarrollo; fomentar la utilización de la información y del conocimiento para la consecución de los objetivos de desarrollo acordados internacionalmente; y hacer frente a los nuevos desafíos que plantea la Sociedad de la Información en los planos nacional, regional e internacional.

Así mismo, se establecieron unos objetivos indicadores que apuntan a servir como referencia mundial para mejorar la conectividad y el acceso a las tecnologías de información y comunicación, en función de las circunstancias de cada país para la fijación de sus metas nacionales, a ser cubiertas antes del 2015. Tal cual se expresaron, son:

a. Utilizar las TIC para conectar aldeas, y crear puntos de acceso comunitario;
b. Utilizar las TIC para conectar a universidades, escuelas superiores, escuelas, secundarias y escuelas primarias;
c. Utilizar las TIC para conectar centros científicos y de investigación;
d. Utilizar las TIC para conectar bibliotecas públicas, centros culturales, museos, oficinas de correos y archivos;
e. Utilizar las TIC para conectar centros sanitarios y hospitales;
f. Conectar los departamentos de gobierno locales y centrales y crear sitios web y direcciones de correo electrónico;
g. Adaptar todos los programas de estudio de la enseñanza primaria y secundaria al cumplimiento de los objetivos de la Sociedad de la Información, teniendo en cuenta las circunstancias de cada país;
h. Asegurar que todos los habitantes del mundo tengan acceso a servicios de televisión y radio;

i. Fomentar el desarrollo de contenidos e implantar condiciones técnicas que faciliten la presencia y la utilización de todos los idiomas del mundo en Internet;

j. Asegurar que el acceso a las TIC esté al alcance de más de la mitad de los habitantes del planeta.

Prácticamente, los principios fundamentales en concordancia con los objetivos anteriores, se convierten en líneas de acción suficientemente ampliadas que todos los países deberían seguir, en lo que se estila en llamar: *ciberestrategias nacionales*, en sintonía con la propuesta de una agenda de solidaridad digital que persigue fijar las condiciones necesarias para movilizar recursos financieros, humanos y tecnológicos, con la idea de incluir a todos los hombres y mujeres en la sociedad de la información emergente, en el ámbito mundial.

Un aspecto interesante de resaltar entre tantos prioritarios y no menos importantes, es lo referente a la línea de acción C7 relativa a las aplicaciones de las TIC que son indispensable acometer para apoyar el desarrollo sostenible, en tanto que corresponde a los sectores públicos como privado: gobierno electrónico (e-gobierno), negocios electrónicos (e-comercio), aprendizaje electrónico (e-aprendizaje), cibersalud (e-salud), ciberempleo (eempleo/teletrabajo), ciberecología (e-ambiente), ciberagricultura (e-alimentación), y la ciberciencia (e-investigación). Ya que esta representa una fase muy trascendente de la informatización de la sociedad.

Por último, se demanda de un plan de seguimiento y evaluación de resultados a nivel internacional que contemple indicadores estadísticos comparables y resultados de investigación, con relación a los objetivos y metas planteadas, con miras a abordarlo en la siguiente fase.

La segunda Cumbre Mundial sobre la Sociedad de la Información (CMSI) se llevó a cabo, tal como se había planteado, en Túnez, desde el 16 hasta el 18 noviembre, en el 2005. En el compromiso de Túnez, se reafirman la declaración de principios y el plan de acción adoptado en Ginebra, en el 2003. También, se considera una oportunidad más para crear conciencia sobre las ventajas que las TIC´s pueden aportar a la humanidad, así como; transformar las actividades y la vida de las personas y generar una manera distinta de interacción, y apostar por un futuro más confiable. Se sigue apostando por la dinámica integradora entre gobiernos, sector privado, sociedad civil, las Naciones Unidas y otras instituciones internacionales para cumplir con lo establecido en la primera cumbre, de manera de seguir la construcción de una sociedad de la información integradora.

Sobre todo, en lo que respecta a alcanzar el pleno desarrollo económico, social y cultural de los países y el bienestar de sus pueblos, y en particular, los que están en desarrollo.

Se insiste en el uso y aplicación de las TIC por su aporte y apoyo al desarrollo sostenible, en instancias como la ciencia, salud, educación, Pmyme, desarrollo de las capacidades humanas, disminución de las diferencias sociales y económicas –sobre todo entre ricos y pobres tanto a nivel individual como entre los países y las regiones, incluidas las de género–, la paz, seguridad y estabilidad, la democracia, la cohesión social, la gobernabilidad y el estado de derecho, atención y apoyo a los discapacitados, a los indígenas, a los marginados y vulnerables, entre muchos. Apoyan la libertad de uso de tecnologías propietarias o libres sin menoscabo de los derechos de uno u otro, en acuerdo entre gobiernos, sector privado, sociedad civil, comunidades científicas y académicas, y usuarios.

En cuanto a la agenda para la sociedad de la información propuesta en Túnez, afirman que llego el momento de pasar de los principios a la acciones, y observar los resultados sobre si se ha avanzado o no. En tanto se reafirman los compromisos adquiridos en Ginebra, la agenda se centra en tres acciones fundamentales: los mecanismos financieros para paliar la brecha digital, la gobernabilidad de

Internet y las cuestiones afines, y lo relativo al seguimiento e implementación tanto de lo acordado en Ginebra como en esta cumbre.

Respecto a los mecanismos de financiación para hacer frente a las dificultades que plantea la utilización de las TIC en favor del desarrollo, la secretaria general de la ONU, creo un grupo especial sobre mecanismos de financiación (TFFM, por sus siglas en ingles) que se encarga de la gestión, seguimiento y control, y emisión de informe sobre los avances. De acuerdo con su evaluación, se propuso mejorar los mecanismos de financiamiento y dar curso al Fondo de Solidaridad Digital mencionado en Ginebra. Por cuanto reconocen la magnitud de la brecha digital y las dificultades para aminorarla por parte de los países, debido a las fuertes inversiones en infraestructura y servicios que necesitan acometer de manera continua y a largo plazo, así como; promover la capacitación y transferencia de tecnología, dadas las limitaciones de recursos de que disponen y las decisiones de desviar recursos hacia otras situaciones prioritarias.

Están claros que este asunto, supone un proceso de muchos años y que sólo con el concurso de la comunidad internacional, con acuerdos recíprocos y en condiciones ventajosas que ayuden a los países en desarrollo se podría solventar esta problemática. Por ello, en la agenda hacen un llamado explícito a la comunidad internacional, en ese sentido. Sobre todo, porque las TIC´s son vistas por su importancia creciente, no sólo, por su función de medio de comunicación, sino también, por actuar como factor habilitador de desarrollo y de instrumento para conseguir las metas y los objetivos de desarrollo acordados. Afirman que en los países en desarrollo donde se han acogido marcos de reglamentación sólidos, y se han comenzado a aplicar políticas públicas encaminadas a reducir la brecha digital, se ha aumentado la inversión en TIC´s, debido a la inversión tanto pública como privada.

Por lo tanto, exhortan a los países en desarrollo a favorecer un entorno habilitador y competitivo, propicio a las inversiones necesarias en infraestructuras TIC´s y al desarrollo de nuevos servicios para que puedan beneficiarse por su participación en el mercado mundial sobre la base de su ventaja comparativa, posibilitada por las TIC´s. Al mismo tiempo, apuestan porque el llamado tanto a la responsabilidad social de las empresas, como las buenas iniciativas de las empresas transnacionales, contribuyan al desarrollo económico y social de los países en desarrollo, y ayuden a colmar la brecha digital. De este modo, hacen nuevamente, un llamado a que se fortalezca la solidaridad y la cooperación internacional, sobre todo en los países con más situación crítica, en tanto reconocen que las fuerzas de mercado por sí solas, no pueden garantizar la plena participación de los países en desarrollo, en el mercado global de los servicios que permiten ofrecer las TIC´s.

Por otro lado, ponen como condición a los países, sobre todo en desarrollo, cumplir ciertos requisitos fundamentales para lograr un acceso equitativo y universal a los mecanismos de financiación y la mejor utilización de éstos. Se alientan mejoras e innovaciones en los mecanismos de financiamiento que tengan que ver con el destino de los recursos; con la cooperación regional, reducción de costos de interconexión internacional a Internet y sus conectividad, programas entre los gobiernos y agentes financieros, aceleración de instrumentos financieros nacionales y facilitar acceso a los medios de financiación para acelerar el ritmo de inversión en la infraestructura y los servicios de las TIC´s, incluyendo por igual el estímulo de flujos Norte-Sur y la cooperación Sur-Sur; y formas de participación de las organizaciones multilaterales, regionales y bilaterales para que colaboren de manera más rápida en ayuda a los países en desarrollo que requieran asistencia para las políticas de las TIC´s.

Esto incluye; dar a los países en desarrollo la posibilidad de generar cada vez más capital para las TIC´s, fomentar un aumento de las contribuciones voluntarias y lo que se sugirió en el Plan de Acción de Ginebra sobre el alivio de la deuda externa. Entre los que puede citarse, la cancelación de la deuda o la conversión de ésta, para financiar proyectos de TIC´s en favor del desarrollo, incluidos los que figuran en el marco de estrategias de erradicación de la pobreza. De último, se aboga por la puesta en marcha del Fondo de Solidaridad Digital (FSD) creado en Ginebra. Considerado un mecanismo financiero innovador y de naturaleza voluntaria, al que pueden contribuir voluntariamente todas las partes interesadas que tienen por objeto, transformar la brecha digital en oportunidades digitales para el mundo en desarrollo.

Con relación a la gobernabilidad de Internet, reafirman el hecho de que ésta se considera un recurso mundial disponible de uso público y su gobierno debería constituir un elemento esencial de la agenda sobre la sociedad de información, con carácter de gestión internacional, multilateral, transparente y democrática. Con plena participación de los gobiernos, el sector privado, la sociedad civil y las organizaciones internacionales, tomando en consideración, el multilingüismo. En ese sentido, la Secretaria General de las Naciones Unidas creo el Grupo de Trabajo sobre el Gobierno de Internet (WGIG, por sus siglas en inglés) quien definió lo que se entiende por el trabajo de gobierno de Internet como el *desarrollo y aplicación por los gobiernos, el sector privado y la sociedad civil, en el desempeño de sus respectivos papeles, de principios, normas, reglas, procedimientos de toma de decisiones y programas comunes que dan forma a la evolución y a la utilización de la Internet.*

Gestión que abarca cuestiones tanto de política pública como de técnica, en la que deberían participar todas las partes interesadas y las organizaciones intergubernamentales e internacionales competentes. Además, reafirman la necesidad de continuar promoviendo, desarrollando e implementando, en colaboración con todas las partes interesadas, una cultura mundial de ciberseguridad; la lucha contra la ciberdelicuencia y el correo basura; la promoción del uso de Internet en la investigación para la creación de conocimiento; combatir el e-terrorismo; proteger Internet contra las amenazas y la vulnerabilidad; garantizar la privacidad y la protección de información personal; el valor de las actividades de comercio electrónico; las estrategias para el cibergobierno, y convertir la brecha digital en una oportunidad digital; exhortar a formular estrategias para hacer más asequible la conexión mundial.

También exhortan a los gobiernos y a otras partes interesadas a que fomenten la educación y formación en las

TIC, sobre todo en los países en desarrollo, así como, el fomento del desarrollo y difusión de Internet, y la inversión e innovación. Aunque expresan que Internet y su gobernabilidad actual, es sólida, dinámica, y de gran cobertura geográfica, alertan para que se tenga presente en su estructura; el crecimiento exponencial y evolución, así como, una plataforma común para el desarrollo de aplicaciones. Además de que se contemplen, todos los temas de política pública internacional relativos a su seguridad y estabilidad, y en tanto a lo atinentes, a: temas sociales, económicos y técnicos, incluida la asequibilidad, la fiabilidad y la calidad de servicio. Por ello, proponen un Foro para el Gobierno de Internet, tanto en su trabajo como en sus funciones, que ha de ser multilateral, democrático y transparente y dejar intervenir a las múltiples partes interesadas.

Finalmente, en cuanto a la aplicación y seguimiento se refiere; se sigue alentando a escala nacional, regional e internacional, la aplicación y el seguimiento ininterrumpido de los resultados y compromisos alcanzados durante el proceso de la CMSI, y sus fases de Ginebra y Túnez. Así mismo, la colaboración eficaz entre los gobiernos, el sector privado, la sociedad civil, las Naciones Unidas y otras organizaciones internacionales. Cada una, en función de sus distintos papeles y responsabilidades, y con arreglo a sus experiencias. Y según proceda, identificar las esferas que necesitan más atención y nuevos recursos; elaborar estrategias, mecanismos y procesos de aplicación de los resultados de la CMSI a escala internacional, regional, nacional y local, prestándose especial atención a las personas y grupos marginados en cuanto al acceso y la utilización de las TIC.

Incitan a los gobiernos, a escala nacional, para que elaboren, sus ciberestrategias nacionales de gran alcance, previsoras y duraderas; incluidas estrategias sobre las TIC´s y ciberestrategias sectoriales, según convenga, como parte *integrante de planes nacionales de desarrollo* y estrategias destinadas a la reducción de la pobreza, lo antes posible y antes de 2010. Reconocen que la reducción de la pobreza, el fomento de la creación de capacidades nacionales y la promoción del desarrollo tecnológico nacional, son elementos fundamentales para reducir la brecha digital de manera sostenible en los países en desarrollo. Apuntan a la determinación de mejorar la conectividad a escala internacional, regional y nacional, y el acceso asequible a las TIC´s y a la información, fomentando la cooperación internacional de todos los interesados, de manera que se promueva el intercambio tecnológico y la transferencia de tecnología; el desarrollo y la capacitación de los recursos humanos, de modo que se incremente la capacidad de los países en desarrollo para innovar y participar plenamente en la sociedad de la información, y aportar su contribución.

No solo se determinó, un grupo de las Naciones Unidas sobre la sociedad de la información para que se encargue de facilitar la aplicación, la evaluación y el seguimiento de la CMSI (group WSIS, por sus siglas en inglés), sino la realización de un examen global de la aplicación de los resultados de la CMSI en 2015. Además, de la revisión sobre los creados *Índice de Oportunidades de las TIC y del Índice de Oportunidades Digitales*, que se basarán en el conjunto común de indicadores fundamentales de las TIC´s, como se definen en el marco de la Alianza para medir las TIC´s para el Desarrollo. Por último, sugieren a la Asamblea General de las Naciones Unidas que declare el 17 de mayo *Día Mundial de la Sociedad de la Información* que se celebrará anualmente y servirá para dar a conocer mejor, la importancia que tiene este recurso mundial en las cuestiones que se tratan en las Cumbres, en especial, las posibilidades que pueden ofrecer las TIC´s a las sociedades y economías, y las diferentes formas de reducir la brecha digital.

Después de revisados los objetivos del milenio 2015, la ONU se planteó nuevos objetivos de desarrollo del milenio para el 2030. De allí se puede asociar, ciertos objetivos y/ sub objetivos, con la consecución de la sociedad de la información. A tal respecto, se identifican: en el objetivo nueve (9) que consiste en "Construir infraestructuras resilientes, promover la industrialización inclusiva y sostenible y fomentar la innovación", el sub objetivo 9.c que busca "Aumentar de forma significativa el acceso a la tecnología de la información y las comunicaciones y esforzarse por facilitar el acceso universal y asequible a Internet en los países menos adelantados a más tardar en 2020".

Del mismo modo, el Objetivo 17 que persigue "Fortalecer los medios de ejecución y revitalizar la Alianza Mundial para el Desarrollo Sostenible", junto al sub objetivo 17.8 sobre "TECNOLOGIA" que apostaba por "Poner en pleno funcionamiento, a más tardar en 2017, el banco de tecnología y el mecanismo de apoyo a la ciencia, la tecnología y la innovación para los países menos adelantados y aumentar la utilización de tecnología instrumental, en particular de la tecnología de la información y las comunicaciones". Habría que ver por las fechas establecidas, ya pasadas, los resultados de tales propósitos.

Las resultas del procesos de revisión de la sociedad de la información en los últimos quince (15) años por parte de los que conducen el desarrollo de la sociedad de información desde la ONU/ITU/UNCTAD/WSIS, en sendas reuniones, cada cinco años, como la realizadas en el 2010, 2015 y 2020, respectivamente, emiten interesantes apreciaciones.

Un lapidario reconocimiento sobre la debilidad y falta de seguimiento de las líneas de acción u objetivos de la CMSI hasta el 2010, emitidos en las cumbres del 2003-2005. Su falta de formalidad para llevar a cabo una evaluación global de estos. Y sobre todo que la disponibilidad y calidad de los datos, sigue siendo un desafío, lo que pone de relieve la falta de coordinación entre los responsables de la formulación de políticas y la comunidad estadística, y la falta de capacidad estadística a nivel nacional.

Llegan a reconocer que a pesar de la aparente ubicuidad de las TIC, sus beneficios no son experimentados de manera uniforme por los más de 7.100 millones personas en el mundo, ya que de acuerdo con sus estimaciones, habrían más de 4 mil millones de personas que aún, no están conectadas al Internet (UIT, 2013a). Y acotan que es a ellos a los que preferentemente, apuntarían, como grupo principal destinatario, de los Objetivos de Desarrollo del Milenio (ODM), además de que son estas personas, con el uso de las TIC, las que eventualmente potencien un gran impacto en el desarrollo. Por lo que plantean que debe llevarse a cabo una política seria de acceso compartido para conectar comunidades.

Sostienen que aunque a pesar del conocimiento que se tiene sobre el impacto de las TIC en el desarrollo, consideran que es muy poco. Aunque existe evidencia creciente de impacto de las TIC en diferentes sectores: economía, educación, salud, y que en el medio ambiente, tiene impactos tanto positivos como negativos.

Con respecto al 2015, la revisión que han hecho sobre la evaluación cuantitativa de los objetivos de la Cumbres mundiales sobre la sociedad de la información (CMSI, y/o WSIS en inglés), sostienen que, si bien el amplio crecimiento de las redes, los servicios, aplicaciones y contenido ha impulsado la sociedad de la información global en la década pasada, el acceso y uso de las TIC dista mucho de estar distribuido por igual. Ya sigue reincidente, el hecho de que grandes partes del la población mundial tiene un acceso limitado a las TIC (en particular, Internet) y no pueden beneficiarse de su potencial. Y en ese sentido, ejemplifican que aunque en la última década se ha experimentado un enorme crecimiento en penetración celular (con casi una suscripción de teléfono celular por cada persona en el mundo), más de 4 mil millones de personas en el mundo (el

60% de la población mundial población) todavía no utilizan Internet.

Destacan, la falta de datos para evaluar completamente el progreso, debido a que los resultados, posiblemente estén distorsionados por contribuciones desiguales de datos a favor de más países conectados. En particular, para la mayoría de los indicadores, los datos con respecto a los países menos adelantados, faltaban.

Apuntan que está creciendo la evidencia de que las TIC tienen el potencial de apoyar los tres pilares del desarrollo sostenible: crecimiento económico, inclusión social y sostenibilidad ambiental y, por lo tanto, será importante para la futura agenda de desarrollo (UNGIS, 2013). Sin embargo, a pesar de los avances logrados, persisten las desigualdades en el acceso a las plataformas TIC, la información, el conocimiento y el progreso tecnológico. (UNGIS, 2013). Por lo tanto, a la luz del hito de 2015, consideran que es necesario hacer un balance de los logros alcanzados y los desafíos encontrados en la consecución de la Cumbre Mundial sobre la Objetivos de la Sociedad de la Información (CMSI) y discutir las lecciones aprendidas para prepararse para un posible marco de seguimiento más allá del 2015.

Quince años después, en Génova, 2020, sobre la Conferencia de las naciones unidas sobre comercio y desarrollo (disponible en un.org/publications), la Asamblea General (AGNU) revisó el progreso hacia el logro de los objetivos de la CMSI después de diez años, y se comprometió a revisarlos más a fondo, a través de una reunión de alto nivel en la que participaran interesados, después de veinte años, es decir, el 2025. De allí que emitieron un informe que resume brevemente lo acontecido entre los diez y veinte años de la AGNU. Y sugieren prioridades para la evaluación que se hará en cinco años.

Entre lo que reconocen de los últimos años, es que el acceso y la conectividad son necesarios, pero no son condiciones suficientes para el desarrollo de una sociedad de la información. Aunque los objetivos del milenio en su punto 9 (ODS9), compromete a la comunidad internacional para "aumentar significativamente acceso a información y comunicaciones de tecnología", y de que hay que esforzarse por proporcionar acceso asequible a Internet en los países menos desarrollados.

Afirman que en el período transcurrido desde la CMSI, ha habido un impresionante crecimiento en el acceso a las TIC, en particular; móviles y celulares, redes de banda ancha pero sigue habiendo brechas digitales persistentes entre y dentro de países que limitan su valor a muchas personas. Y estas divisiones, representan el mayor desafío individual que inhibe el cumplimiento de la visión de la CMSI. Las diferencias digitales distintivas dentro de los países, subyacen en las diferencias entre ellos. Las TIC, como otros recursos de desarrollo, cuestan dinero.

Afirman que la Sociedad de la Información está en constante evolución, y en ese sentido; esperan que transforme muchos aspectos de economía y sociedad, gobernanza y vida, pero, como han señalado sobre lo aprendido desde la CMSI: el desarrollo y los impactos son impredecibles. Ya que la tecnología que sustenta a la sociedad de la información, está cambiando rápidamente. Y sus expectativas, también están en proceso de cambio. Ya que según ello, desde hace décadas, la capacidad y la velocidad de las redes y dispositivos que sustentan los servicios de TIC y las aplicaciones se han duplicado cada dos años más o menos. Además de que los recursos de TI, en este momento, son inmensamente más capaces que los que estaban disponibles en la época de la CMSI.

Temen que los avances en tecnología podrían exacerbar aún más las desigualdades de desarrollo existentes. A tal evento que el despliegue y el impacto se ven profundamente afectados por las desigualdades entre regiones, países, comunidades e individuos, más necesitados.

Apuntan que una de las lecciones más importantes del mundo, es que la comunidad ha aprendido desde que la CMSI se refirió a la dificultad para predecir la adopción y el impacto de nuevos tecnologías. Y los documentos finales de la CMSI, reconocen el poder de Internet para mejorar el acceso a la información y aumentar las oportunidades de expresión, particularmente para aquellos, cuyas voces han sido históricamente marginados en los debates de las políticas públicas, incluidas las mujeres.

La Asamblea General que se realizó en su décimo año sobre la revisión de los resultados de la CMSI (2015), acordó emprender una revisión adicional después de veinte años, en 2025, sobre dos instancias. Una, se centrará en los procesos dinámicos de cambio en la Sociedad de la Información que han tomado lugar, desde la CMSI: en el despliegue de las TIC, y en los impactos sobre el desarrollo, medio ambiente, derechos, comportamiento humano y otras áreas críticas de la gobernanza internacional. Por lo que deberá prestarse mucha atención a la intensidad e implicaciones de las brechas digitales.

La segunda, se centrará en la visión que se estableció en los acuerdos alcanzados en Ginebra en 2003 y Túnez en 2005, reafirmados por la Asamblea General en 2015. La visión de la CMSI es la búsqueda de una sociedad "centrada en las personas, Información inclusiva y orientada al desarrollo", comprometida con el desarrollo, los derechos humanos y libertades fundamentales, construidas sobre el deseo de convertir las brechas digitales en oportunidades digitales y que sea disponible para todos. Y se deberá considerar las diferencias entre países y comunidades, así como oportunidades generales y amenazas.

Finalmente, afirman que las Naciones Unidas tienen un papel crucial en el seguimiento del desarrollo de la Sociedad de la Información, y en el apoyo a los gobiernos y otras partes interesadas, en sus esfuerzos por maximizar sus beneficios para el desarrollo y minimizar los riesgos planteados por el uso y mal uso de las TIC. Y reiteran, la visión integradora de la CMSI sobre un enfoque centrado en las personas, inclusivo, y sociedad de la información orientada al desarrollo, y a la agenda de desarrollo sostenible. En el que todas las agencias de la ONU tienen un papel que desempeñar en esto, junto con otras agencias internacionales, gobiernos, empresas y otras partes interesadas.

Futurizan que la revisión de los 20 años de la CMSI en 2025, brindará una oportunidad para hacer un balance de lo que se ha logrado desde 2005, y para construir una cooperación más sólida entre gobiernos y entre las partes interesadas, para asegurar que la Sociedad de la Información continúe en contribuir fuertemente, al desarrollo humano y que ningún país ni nadie se quede atrás.

Iniciativas latinoamericanas

Latinoamérica ha intentado no quedarse atrás en lo que respecta al uso de las tecnologías de la información y comunicación. Muchos países de la región han decidido asumir compromisos en ese sentido, en razón de la dinámica mundial que fuerza la barra hacia a lo que acontece y compone a la ya emergente, sociedad de la información. Diversas políticas, planes, programas, reuniones, foros y cumbres se han venido gestando con la intención de contraer compromisos e intentar reducir la brecha digital. Advertidamente, importantes organismos asociados a Latinoamérica han iniciado acciones en esa dirección.

Entre las iniciativas latinoamericanas de comienzos del siglo XXI, dirigidas a posesionarse de la idea del desarrollo de la sociedad de la información, se encuentran la

Comisión Económica para Latinoamérica y el Caribe (CEPAL), quien por intermedio de su Secretaría, a partir de la Reunión Regional de Tecnología de Información para el Desarrollo, celebrada en Florianópolis, Santa Catarina, Brasil, entre el 20 y 21 de junio del 2000, constituyo una agenda de políticas públicas, en el documento "América latina y el Caribe en la transición hacia una sociedad del conocimiento" (disponible en: www.cepal.cl/publicaciones/xml/2/4312/lcl1383e.pdf). Con el propósito de que la región incorporara, lo más rápida, eficiente y equitativamente posible, las TICs en sus economías, a objeto de formar una "infraestructura institucional" por parte del Estado que tenga en cuenta tanto al sector público como a las empresas, consumidores y los ciudadanos.

En este marco de acción, intentan que los países de Latinoamérica, procedan a dar respuestas apropiadas en diferentes ángulos: transmisión eficiente y equitativa hacia a este tipo de sociedad que favorezca a todos por igual; esfuerzo de inversión; disminuir el atraso con relación a los países industrializados; un adecuado marco jurídico y regulatorio e institucional para reducir barreras y asegurar competencia efectiva entre proveedores de servicios de redes y maximizar beneficios sociales; cooperación regional; diversidad cultural y lingüística de los pueblos de

Latinoamérica; equidad de género; mayor participación en contenidos de información y conocimiento por las redes; y la fuerte concentración de poder en manos de grandes empresas transnacionales asociadas a los países industrializados, entre otras.

De modo que en este documento se establecen cuatro grandes apartados a saber: primeramente, la transmisión hacia la "nueva" economía digital y la sociedad de la información que aparte de vitalizar las infraestructura en TIC´s, requiere de un importante esfuerzo, en lo que respecta a capacitación individual de trabajadores, empresarios y consumidores, así como la creación de un sector productivo basado en la ciencia y la tecnología (OCDE, 1996). En este proceso, la CEPAL considera importante, la participación del Estado de manera decidida, sobre todo, actuando con un marco regulatorio y supervisor.

Con respecto al segundo apartado, referido a las reformas estructurales de la época de los noventa, afirman que los resultados no fueron los más idóneos, motivados a que los logros alcanzados en las tasas de crecimiento y en los índices de productividad y cambio tecnológico, no han sido satisfactorios en comparación con las mejoras en las políticas macroeconómicas sustanciales de ese periodo, a tal punto, que según la CEPAL, el cambio del modelo productivo y organizacional, parece estar profundizando el elevado grado de heterogeneidad estructural predominante en los países de la región. Sin embargo, en su tercer apartado referido a las TIC´s en Latinoamérica, expresan que es en ésta área que se observan los nuevos rasgos estructurales del modelo económico latinoamericano, vale decir, la prestación del servicio de telecomunicaciones con sus variaciones en cada país, relativo al costo y acceso, y también, en lo atinente al comercio electrónico, y la telefonía fija y móvil.

No obstante, la CEPAL afirma que el grado de preparación de los países de la región para la transición hacia la sociedad de la información y el conocimiento, es aún muy variable, lo que amerita el que tomen medidas tendentes de manera particular para adaptarse a los patrones internacionales, afín de reducir la brecha digital. En función de ello, propone la CEPAL, en su cuarto apartado, una agenda de políticas públicas y de cooperación regional, conducente a lograr mayor eficiencia y equidad en la transición hacia la sociedad del conocimiento, mediante cuatro grandes acciones a ejecutar: corregir los efectos adversos de las reformas estructurales; corregir las fallas del mercado; profundizar los esfuerzos de innovación y difusión tecnológica; y favorecer una mayor eficiencia y equidad en la transición.

Por otro lado, INFOLAC que actúa como un foro para el intercambio de experticia y experiencia sobre servicios de información auspiciado por la UNESCO, decidió en la VIII Reunión Regional de Consulta de INFOLAC, realizado en Puerto España, Trinidad y Tobago, entre el 12 y el 14 de junio de 2001 (disponible en: infolac.ucol.mx/8reunion/resultados.html), cambiar su objetivo y denominación como "Programa de la Sociedad de la Información para América Latina y el Caribe", con la idea de impulsar el desarrollo de este tipo de sociedad en la región.

Siguiendo esa tónica, la Asociación Latinoamericana de Integración (ALADI), en el 2002, preparó un estudio sobre la "Brecha digital y sus repercusiones en los países miembros de la ALADI", con el propósito de evaluar en base a una metodología ideada por su secretaria general, la situación de sus países asociados, y señalar las principales acciones asumidas por sus miembros para atenuar los efectos negativos, y así como también, potenciar el empleo de la TIC´s, en el entendido de que ello supone beneficios claros para su crecimiento económico y el bienestar de sus poblaciones. Por tal razón, proponen una serie de recomendaciones dentro de la idea globalizante de sociedad de la información, dirigidas a superar las limitaciones identificadas, dentro de cinco áreas fundamentales: conectividad y acceso, información, educación, fortalecimiento de empresas tecnológicas y participación en foros y organismos especializados en Internet.

Un tanto después, la propia CEPAL, por medio de la Conferencia Ministerial Regional Preparatoria de América Latina y el Caribe para la Cumbre Mundial sobre la Sociedad de la Información, celebrada en Punta Cana, República Dominicana, entre el 29 y el 31 de enero del 2003, emitió un documento (disponible en www.eclac.cl/publicaciones) titulado "Los Caminos hacia una Sociedad de la Información en América Latina y el Caribe" que tiene entre sus propósitos, nuevamente una agenda de política pública en América Latina y el Caribe. Cuyos dos primeros pasos, consisten, tanto en definir un conjunto de principios que guíen la transición hacia una sociedad de la información, como formular una estrategia para la sociedad de la información en la región.

Tal iniciativa debía contar con la participación de los sectores público e industrial, el ámbito académico y la sociedad civil. Así, de acuerdo a un modelo propuesto – expuesto en el capítulo IV–, contemplan que la transición pasa primeramente, por lo referente a revisar el contexto económico general, luego los estratos horizontales que supone el acceso a las TIC's; tocando la brecha digital, las implicaciones de la convergencia tecnológica y los servicios genéricos, para seguidamente, en las áreas diagonales; eliminar obstáculos y acelerar la transición, esto es, marcos regulatorios, financiamiento y capital humano. Y en los sectores verticales, lo referente al proceso de digitalización que supone las TIC's para el desarrollo, el cosmopolitismo y "translocalismo", y propiamente la digitalización.

Ya en la agenda de política pública, se topan con cinco acciones estrategias para la sociedad de la información: acciones de política nacional; infraestructura y servicios genéricos que contemplen tanto el acceso y el uso universal de la tecnología, como la calidad del acceso y una industria de proveedores de servicios de aplicación; áreas diagonales que tomen en cuenta los marcos regulatorios, el financiamiento y el capital humano; los "sectores-e" relativos a comercio-e, gobierno-e, administración-e, democracia-e, salud-e, enseñanza-e y formación-e, cultura-e y multimedia-e; y las políticas internacionales dentro de un alcance subregional, regional o mundial.

Luego de celebrada la Cumbre sobre la Sociedad de la información en Túnez, se llevó a cabo, la Conferencia Regional Ministerial de América Latina y el Caribe Preparatoria para la Segunda Fase de la Cumbre Mundial de la Sociedad de la Información, en Río de Janeiro, del 8 al 10 de junio del 2005, en lo que se llamó el "COMPROMISO DE RIO", y en la que no sólo se reiteraron los principios y objetivos contenidos en la Declaración y el Plan de Acción de la primera fase de la Cumbre Mundial de la Sociedad, sino que se establecieron objetivos concretos de cooperación regional, tomando en consideración las diferencias existentes entre los países, para alcanzar las metas propuesta a mediados del 2007.

Para ello, emitieron un Plan Regional de Acción de América Latina y el Caribe, eLAC 2007, sobre la Sociedad de la Información. Como parte integral de los resultados de esta conferencia (disponible en: www.cepal.org/socinfo/elac), se expresaron las metas y acciones a seguir, dentro de cinco grandes categorías a desarrollar: acceso e inclusión digital, creación de capacidades y de conocimientos, transparencia y eficiencia públicas, instrumentos de política y entorno habilitador.

Por el lado del Banco Interamericano de Desarrollo, este emitió sus propias estrategias y recomendaciones para contribuir al desarrollo de este tipo de sociedad en la región, por intermedio de su División de Tecnología de Información para el Desarrollo (SDS/ICT), en la I Reunión de Ministros Iberoamericanos de Sociedad de la Información, en Madrid,

España, entre el 27 y 28 de septiembre del 2001 (disponible en: www.campus-oei.org/salactsi). Al igual que muchos otros, promueven un proceso de formulación de Estrategias Nacionales para la Sociedad de la Información (ENSI) dentro de sus países miembros, prestatarios de la Región de Latinoamérica y El Caribe (LAC). Entre las acciones perseguidas para ayudar a los países miembros a conseguir una definición de su modelo y metodología de desarrollo hacia la Sociedad de la Información, tienen presente:

(i) Situar la promoción de la Sociedad de la Información como una prioridad clave de los planes políticos de los gobiernos de América Latina y el Caribe.

(ii) Incrementar el número y calidad de los programas y proyectos de TIC para el desarrollo en la Región.

(iii) Fomentar la cooperación y el establecimiento de redes entre los sectores público, privado y la sociedad civil relacionados con el desarrollo de la Sociedad de la Información.

(iv) Incrementar el monto y la calidad del gasto público en el desarrollo de la Sociedad de la Información como instrumento facilitador del proceso de desarrollo social y económico eficiente, equitativo y sustentable de la Región.

Iniciativa del grupo G7/G8

El grupo de los siete (G7) conformado en 1973 y luego extendido en 1992 con Rusia como observador y desde 2001, como miembro con pleno derecho, da cabida al grupo de los ocho (G8) países más poderosos e industrializados del mundo. Compuesto por Estados Unidos, Reino Unido, Canadá, Francia, Alemania, Italia, Japón y Rusia. Este grupo celebra cumbres anuales, auspiciada por el jefe de Estado o gobierno que le corresponda, sobre temas económicos y políticos de carácter internacional que tienen una repercusión significativamente importante en la esfera mundial. Se estima que sus decisiones tienen un efecto imponente dentro del sistema económico y político mundial, sobre todo, a través de los diferentes organismos internacionales en los que tiene gran poder de acción.

Es este grupo, en función de sus intereses, es quien ha afirmado las bondades de la globalización neoliberal y ha impulsado reformas relativas a la liberalización comercial y financiera, desregulaciones, privatizaciones, flexibilidad del mercado laboral, y políticas macroeconómicas, entre otras. Por cierto, políticas primordiales dentro de las iniciativas señaladas en los apartados anteriores de este capítulo. Se le cuestiona por cuanto su lucha contra la pobreza, la reducción y cancelación de la deuda externa, así como la erradicación de las enfermedades como el sida, no han tenido el vigor que sostienen en aspectos económicos y políticos de nivel planetario.

Fue precisamente en la cumbre de Okinawa (disponible en www.g7.utoronto.ca/summit/2000okinawa/index.htm), celebrada en Japón, entre el 21 y el 23 de julio del 2000, donde se comprometieron a desempeñar un rol primordial en el desarrollo de la sociedad global de la información. Para ello, crearon lo que acordaron en llamar una "Fuerza de Tarea para la Oportunidad Digital" que se encargará de hacer seguimiento y divulgar en sus reuniones; los resultados y recomendaciones sobre la acción global para superar la brecha internacional sobre la información-conocimiento. Así, entre sus prioridades identificadas en esta cumbre, están: fomentar la política para la preparación de la red y su acción reguladora; mejoramiento de la conectividad, el aumento del acceso y la baja de los costes; capacidad humana constructiva; y animar la participación en las redes globales del e-comercio.

Entre otros aspectos que enfocaron, dirigidos al siglo XXI, se encuentran lo relativos a la economía mundial, las

TIC´s, desarrollo, deuda, salud, educación, comercio, diversidad cultural, crimen y drogas, envejecimiento de la población, la ciencia para la vida –como la biotecnología y la seguridad alimentaria, genoma humano, ambiente, seguridad nuclear–, y un mundo de mayor estabilidad, sustentado en prevención de conflictos, desarme, no proliferación y control de armas, y terrorismo.

La visión que auguran sobre la sociedad de la información global, comprende:

- La tecnología de la información y comunicación (TI) es una de las fuerzas más potentes para configurar el siglo veintiuno

- Permitir a la gente desarrollar su potencial y realizar sus aspiraciones

- Promover estrategias nacionales e internacionales eficaces para alcanzar metas sustentadas en las TIC´s que permitan crear desarrollo económico sostenible, realzar el bienestar público, fomentar la cohesión social, potenciar completamente el trabajo para consolidar la democracia, incrementar la transparencia y la responsabilidad en el gobierno, promover los derechos humanos, realzar la diversidad cultural, y fomentar la paz y estabilidad internacional

- Auspiciar el principio de la inclusión sobre la base de valores democráticos que fomenten el desarrollo humano, tales como, el libre flujo de la información y conocimiento, tolerancia mutua, y respecto por la diversidad para evitar que nadie se sienta excluido de las ventajas de la sociedad de la información global

- Conducir esfuerzos por parte de los gobiernos avanzados para fomentar una política apropiada y un ambiente regulador para estimular la competición y la innovación, la seguridad económica y estabilidad financiera, colaboración anticipada con los participantes en la red para optimizar las redes globales, lucha contra los que intentan minar la integridad de la red, superar la división digital, invertir en la gente, y promover el acceso global y la participación

- Incorporar a todos; tanto al público y los sectores privados para superar la brecha internacional sobre la información y el conocimiento

Asimismo, plantean una serie de fundamentos dominantes para aprovechar la oportunidad digital en aspectos económicos, sociales y culturales, tales como: reformas económicas y estructurales; gerencia macroeconómica sana; desarrollo de las redes de información; desarrollo de los recursos humanos; y la utilización activa de las TIC's en el sector público, en tanto que la promoción de los servicios en línea (e-gobierno).

Para superar la brecha digital en los y entre países, la estrategia dominante que impulsan, es la continuada dirección hacia el acceso universal y fácil. Además, para promocionar la participación global, sugieren tomar en cuenta, las condiciones y necesidades de los países en desarrollo de modo de que aprovechen las ventajas que representa para las economías emergentes, las TIC's. Estiman que el camino a seguir para superar la brecha digital, supone un apoyo que tiene una dimensión global, y por ende una respuesta global, a través de la ayuda bilateral y por organizaciones internacionales y grupos privados.

Iniciativa de la Telefónica de España para situar a la SI, en ciertos países Latinoamericanos, España, y la UE

La Telefónica de España, una empresa española de carácter privado con proyección mundial, ha realizado tanto en su país de origen como en algunos países donde tiene sus operaciones, estudios sobre lo que acontece en la construcción de la sociedad de la información. Para ello, idearon un modelo como el ya referido en el capítulo IV, sobre cómo se estructura la sociedad de la información. A partir de ello, aplicaron la metodología Delphi para evaluar la situación real en determinados países de Latinoamérica, vale decir; Argentina, Brasil, Chile, y Perú, junto a España y la Unión Europa, dentro del periodo comprendido, entre el 2002 y el 2004. De allí que publicaron sendos libros electrónicos, disponibles en su sitio Web (www.telefonica.es) que registran, tanto el diagnosticó como las conclusiones aledañas.

Estos estudios y/o investigaciones (sobre la base de las respuestas a 37 preguntas sobre SI/TIC a cada uno de los países señalados más Europa), para la época, muestran significativos datos sobre la realidad del desarrollo de la sociedad de la información iberoamericana y la situación de la propia Europa. Con este propósito, se sintetiza lo concerniente a lo que en común encierran, tanto, los países

Latinoamericanos que fueron analizados, y los cuales se conjugaron en conjunto, y en comparación con España y la Unión Europea, por separado. De allí que se infiera de manera acuciosa, importantes consideraciones al respecto.

Comparativamente, se pueden inducir interpretaciones, de entre los países auscultados de Latinoamérica, en conjunto, con España y la Unión Europea (UE), enmarcados, dentro de un periodo de años, relativamente coincidente entre ellos (2002-2004). Así, cabe observar que para el 2004, en estos países iberoamericanos y la UE, la idea de sociedad de la información es un término que no está claramente explicado y conocido. En oportunidades se asocia con las TIC´s e Internet. Son los especialistas, medios de comunicación e instituciones universitarias quienes hacen mayoritariamente uso de ésta expresión. Lo que a juicio de muchos de ellos, es un proceso que se instaurará lentamente, generando cambios paulatinamente que se harán más evidente en la educación, aunque, supone positivamente, progreso a largo plazo.

Se requiere de condiciones favorables para adquirir una infraestructura que se mueva entre: facilidad para la adquisición de computadores personales a bajos precios, también, bajos costos de conexión y facilidad de acceso a Internet, contenidos atractivos, interactivos y multimedia, y disponibilidad de banda ancha, y sobre todo, formación a los usuarios. En ese sentido, se hace necesaria una política de Estado, un plan a largo plazo y un modelo dirigido a configurar la sociedad de la información que requiere cada país, según sus características propias de sociedad y que integre a los sectores públicos, privados, ciudadanos, empresas y clase política. Algo que no es fácil en los países subdesarrollados, dadas sus condiciones societales. Hasta ahora, el sector que mayoritariamente ha impulsado la llamada sociedad de la información, ha sido, predominantemente, el empresarial.

Y sin embargo, el ritmo de desarrollo de la SI, está condicionada por el factor económico mundial-local, sobre todo por las expectativas de crecimiento en los años señalados y futuros. Así, muchos aparecen esperanzados que el sector de las telecomunicaciones, al que se le endilga como un motor importante de la economía, sea el que tendrá el mayor crecimiento junto con las finanzas. En consideración, abogan por una legislación que se adapte a los cambios en estos sectores, de forma adecuada a una apertura económica y a desregulaciones en diferentes instancias que propicien la competencia. Lo que manifiestan como esencial para el éxito de la SI. Pero que en los países subdesarrollados se percibe como una situación pesimista, el avance en materia legislativa para cumplir estos propósitos.

Se perfila consensuadamente que la prioridad de regulación debe estar centrada entre el valor de los documentos electrónicos, la protección de datos personales y los derechos de propiedad intelectual, en razón de que el sector de las TIC's debe estar sujeto a las reglas de mercado. Se piensa que la SI no resolverá los problemas de igualdad y en consecuencia, las diferencias sociales existentes. No obstante, hay cierto optimismo, en cuanto a que contribuirá a acortar distancias entre sociedades de países, regiones y localidades, así como a reducir diferencias geográficas y sobre todo, facilitar la socialización de los discapacitados. Una de las razones que argumentan, es que las barreras que dificultan el uso de Internet por parte de los ciudadanos, se están reduciendo cada vez más, de manera acelerada, debido a la disposición de infraestructuras, bajos costos y accesos rápidos y contenidos interesantes que les permitan tener beneficios directos; elementos por los que los usuarios, estarían dispuestos a pagar.

Además, los usuarios esperan poder acceder desde diferentes lugares alternativos a Internet. Sin embargo, el temor generalizado que salta a la vista, es el relativo a la seguridad de realizar transacciones por Internet y a dar datos personales que ponen en juego la confiabilidad. Hay esperanza que esta situación disminuya a futuro, más temprano que tarde. Se espera que muchos aspectos de la vida diaria cambiaran con el uso de Internet, referidos a las compras, el ocio, entretenimiento, viajar, trabajar, etc. También, la adquisición y uso de las aplicaciones de celulares que permitan una cada vez mayor comunicaciones interpersonales, tendrán implicaciones significativas en la vida de las personas.

En relación a las empresas, se estima a corto plazo el uso generalizado de Internet, sitios Web, Intranet y comercio electrónico. En ese sentido, todos coinciden en afirmar que el proceso se da en las empresas grandes más rápidamente que en las PYMES, quienes hacen uso de estos recursos paulatinamente. Las empresas con más éxito en la incorporación de este tipo de métodos de trabajo, son las empresas que se consideran con estructuras tradicionales en comparación con las llamadas "punto com" que han tenido debacles en este periodo de tiempo, sobre todo por su falta de confianza en las bolsas de valores. Desde esa óptica, las empresas están teniendo un importante impacto en su forma de organización y estilo de dirección por el uso de las TIC´s e Internet. Hecho que tiene su variabilidad, según como vayan incorporando estas tecnologías, y del país a que pertenezcan.

Por otro lado, se esperan cambios en el empleo de las empresas que asumen estás nuevas políticas, ya que supone personal más calificados y en consecuencia, modificaciones en la condiciones de trabajo. Desde luego, también, mejorará su productividad. Las variaciones en ese sentido, están sujetas al país de origen. Y con relación a la administración pública, en general, se espera que el uso de las TIC´s, mejore la facilidad de acceso a la información a los ciudadanos y la formulación de quejas, y en consecuencia que mejore la atención. Otro tipo de derecho ciudadanos y políticos, siguen estando retrasados, por lo que se asienta que no ha habido grandes avances. En los gobiernos centrales se observa mayor intensidad en el uso de las TIC´s que en los gobiernos regionales y locales.

En cuanto al uso de la infraestructura de los terminales, sigue siendo el PC, el de mayor uso y de acceso a Internet, sobre todo desde el hogar, además, tiene una tendencia a la baja de precio. En cuanto a la tecnología de banda ancha que mayoritariamente se impone es ADSL, aunque se estima que no llega a todo el territorio nacional, sino en principio, a las grandes ciudades. Le siguen el cable y los móviles. En todo caso, se espera competencia entre unos pocos operadores que son los que dominarán. Y la facturación más frecuente, será la tarifa plana en sintonía con la velocidad de transmisión. Igualmente, se observa que el comercio electrónico sea rentable para las empresas más eficientes, siempre que su contenido este en correspondencia con los aspectos tradicionales referidos a la calidad del producto/servicio, la atención al cliente y precios razonables.

Colofón

No cabe la menor duda, que Estados Unidos ha sido y es el principal propulsor de la sociedad de la información, tanto a su interno como a nivel global, sobre la base de sus intereses nacionales y mundiales, con estrategias geopolíticas bien definidas y un proyecto a largo plazo, valiéndose de su importante desarrollo y dominio tecnológico, ganando aliados e imponiéndose hegemónicamente.

La Unión Europea y Japón son sus aliados más importantes y a su vez, sus competidores en esta materia, más acérrimos. Precisamente, es el G7/G8, quien armónicamente dirige las políticas mundiales, marcando la pauta en economía, política, sociedad, cultura y tecnología. El resto del mundo, parece sucumbir a sus legados. La ONU y la gran mayoría de los organismos internacionales son un reflejo de ello. Cuando observamos las cumbres, reuniones, foros, etc., sus declaraciones, comunicados y remitidos, convergen sobre los mismos postulados, con un mismo enfoque y pensamiento único.

Las metas, objetos y propósitos sucumben ante la realidad mundial. A pesar de lo dispuesto en los Objetivos del Milenio dirigidos a cumplirse en el 2015 y los ahora establecidos para el 2030; y en tanto vivido para el 2007, como en el ahora, aun por terminar 2020, se puede presumir que la reducción de la pobreza y las desigualdades, el deterioro ambiental, las enfermedades como el sida y la ahora pandemia mundial por el COVID 19, la reducción de la deuda externa en los países rezagados y las debilidades en el desarrollo socioeconómico en la mayoría de los países del planeta, más el reconocimiento de las diferencias mundiales sobre el acceso a las TICs y el uso de internet (60% no conectados), entre otros, dan la impresión de letra muerta y/o meras aspiraciones.

Si bien, la primera fase de la cumbre sobre la sociedad de la información mundial, pareció desplegar postulados sociotécnicos, sociopolíticos y socioeconómicos con buena acogida planetaria, no es menos cierto, que la segunda fase se limitó a reforzar lo afirmado en la anterior, no obstante, en las declaración sólo se insta a seguir apostando por el éxito de este modelo de sociedad emergente, aun cuando lo prometido sobre el seguimiento y evaluación acordado en la primera fase se hubiese pasado por alto en la segunda, debido a que no se aprecia significativamente los avances alcanzados en los dos años, y lo que es peor, el reconocimiento posterior, una década después, del fallo en la prosecución de los objetivos y acciones, más por debilidades de estos, y por falta de seguimiento, evaluación y control.

La apreciación que resulta de las propias declaraciones en las fases de la cumbre sobre la sociedad de la información mundial, como las revisiones subsiguientes en los últimos quince (15) años por la propia ONU y sus instituciones y/o responsables, es que es un proceso que no está consolidado en ningún lugar del planeta, menos aún, a nivel mundial. Pero sigue su curso de acción fuerte y sostenida. Y en ese sentido, se apuesta porque las Naciones Unidas, como promotores, continúen con sus planes y acciones, en tanto realicen un seguimiento a estas cumbres y reuniones, con resultados alentadores a futuro, fuertes y sostenidos, dentro de sus funciones usuales, sobre todo para el 2025-2030.

En general, este tipo de estudio sobre la sociedad de la información como el llevado a cabo por la telefónica de España, contempla aspectos relativos al tipo de sociedad, la nueva forma de interactuar los ciudadanos entre ellos y con la información, la manera de trabajar, las relaciones con la administración y la evolución tecnológica, así como, las nuevas normas de hacer negocios. De allí que priva en la mayoría de los países estudiados, el impulso de factores socioeconómicos y sociotécnicos que siguen el modelo de desarrollo capitalista referido a nivel mundial que privilegia inicialmente la adquisición y extensión de las TIC´s y el uso de Internet, dentro de un escenario que alienta a los países Latinoamericanos, a ser consumidores de tecnología más que productores, en sí mismos.

En ese sentido, hay aspectos que se están afianzando y manifiestan efectos positivos, mientras que en otros, ciertos modelos asumidos, no muestran resultados satisfactorios. Los efectos de la informatización son más evidentes en el sector empresarial que en el sector gobierno, como ha sido históricamente. En particular, se presenta una variación significativa entre los diferentes países auscultados, y su consecuente PIB per. cápita y desarrollo cultural que incide directamente en lo que será el grado de desarrollo de la Sociedad de la Información. Sobre todo, la brecha digital entre países, como a lo interno de sus regiones y localidades, de manera pronunciada. Y estos son elementos que inciden típicamente en los países latinoamericanos por sus condiciones de países en vías de desarrollo. Y seguramente, mucho más, en los africanos.

En todo caso, Latinoamérica sigue a la caza de los países desarrollados, pero muy lejos, sobre todo en materia de sociedad de la información. Muy a pesar de las iniciativas que se han propulsado, en ese sentido. De Europa en general, y de España en particular, es obvio, que llevan la bandera sobre el desarrollo de la sociedad de la información. Y se sabe que han avanzado manifiestamente en los años subsiguientes.

DESIDERATUM

Si hay alguien, cuyo aporte para interpretar a la sociedad contemporánea, ha sido valiosamente significativo, ese fue Luhmann. Sus teorías y postulados sobre la complejidad social y la diferenciación de la sociedad, es un apasionado aporte a la perplejidad societal actual. En el entendido de que la sociedad se crea y se recrea a sí misma, en un proceso de observar y observarse, para garantizar el orden y la diferenciación, y así garantizar su supervivencia, ante la operación del sistema social, mediante comunicaciones de sentido. Y no menos lo que el insigne sociólogo contemporáneo de fines de siglo veinte y del actual, Manuel Castells; nos entrega, con sus aportes formativos-sustantivos sobre la sociedad informacional - red. Y el visionario optimismo del japonés Masuda, extraordinario pero utópico.

Al abordar tan apasionado tema, se parte del supuesto de que la sociedad de la información (SI) es el reacomodo de la sociedad contemporánea en todas sus dimensiones societales: política, económica, social, cultural, tanto tecnológica. Catalogada por muchos, como un modelo, proyecto, estrategia geopolítica, etc., de fines del siglo veinte que por ahora, tiene bases capitalistas, y se acicala en las TIC's, y es a su vez, el motor que ha hecho posible, el manifiesto acontecimiento, quizás en paralelo, de la globalización. Por cuanto, donde comienza, uno u otro, no es algo fácil de establecer. Se sabe que todos tienen sus arranques después de la segunda guerra mundial. Pero convergiendo hacia una sociedad global de la información-comunicación-conocimiento, dado que se asume polisémicamente, este término sobre SI.

Entre el modelo de sociedad de la información que propuso Masuda y el modelo de la sociedad Finlandesa sobre SI y el bienestar, se dan interesantes coincidencias, sobre todo en lo sociotécnico y global, y no deja de ser un modelo a seguir, por su éxito y adelanto social contemporáneo. En particular, el meta modelo sistémico sobre la sociedad de la información que se ha concebido para indagar sobre ella, encierra consideraciones societales en general, dentro de dimensiones particulares que permiten navegar a partir de estas. Y es así que fue ideado y/o proyectado.

Los indicadores vinculados con la sociedad y/o con la economía, de alguna manera, reflejan las fortalezas y/o debilidades en sus latitudes sociotecnicas y/o socioeconómicas de los diferentes países medidos y que los vinculan con la brecha digital. En todo caso, son una importante variante de la realidad mundial en general y de la SI en particular. A pesar de ello, no se puede considerar a ningún índice para medir la SI como completo o de aceptación universal, en razón de las vacilaciones sobre la forma de registrarlos, la consistencia de sus mediciones y los sesgos en su valoración - interpretación. Y es la ONU y sus instituciones, la promotora sostenida de este modelo de sociedad cambiante para el mundo, en general.

Al circunscribirnos en tan magna labor, se pretendió dilucidar la realidad de la sociedad de la información en general, así como su proceso de desarrollo en particular. Las resultas de tal acción, dejan claro que la afamada sociedad de la información, es un hecho innegable a comienzos de la segunda década de siglo, pero con diferentes grados, según el país que se trate. Una cosa es cierta: son los países llamados desarrollados o más industrializados quienes ostentan tal calificación. Y los de la periferia, en vías de desarrollo o emergentes, quienes buscan su clasificación. Que un país se denote, entre una banda intermedia y hacia niveles superiores, en los indicadores asociados a las SI, dice mucho de su consideración de sociedad, dentro de la amalgama mundial, en razón de la posibilidad de generar crecimiento económico, progreso, mayor productividad y calidad de vida. Y ser considerado dentro del concierto mundial, con ventajosas posibilidades de desarrollo o de país emergente.

Es aquí cuando cobra gran importancia, tanto para América Latina como para parte de Asia, medio oriente y sobre todo, África; dado que es básicamente en estas zonas del mundo, donde se plantean las más desnaturalizadas y desalmadas luchas sociales. Aunque, Kofi Annan, para entonces, secretario de las Naciones Unidas en el 2000, dejaba entrever en su informe que la sociedad de la información estaba lejos de ser alcanzada o que sólo es aplicable a los países más desarrollados del mundo occidental. De modo que esto es más significativo de lo que pudiera parecer, ya que se está hablando de una sociedad dual y de dos velocidades: la de los "inforicos", y de los "infopobres", que se expresa en la "Brecha digital" que separa a los países considerados desarrollados de los que están, supuestamente, en caminos.

De tal manera que la metáfora de la sociedad de la información, es una forma de organización, ya no tan aparentemente nueva, que configura a la sociedad contemporánea del mundo moderno, cuya sociedad emergente, se sostiene en una más precisa cuadrilogía –información-comunicación-conocimiento-TIC's–, como su rasgo característico y definitorio, estructurando el tejido social en red. De modo que esta forma de ver a la sociedad en el mundo moderno, se puede decir que es una nueva cosmovisión, pero no es la panacea que resuelve los grandes problemas mundiales sobre las diferentes sociedades y pueblos. Máxime que aún campean los grandes problemas de desigualdad y exclusión social, que para muchos, más bien, se han intensificado a pesar de las metas del milenio que obsolecieron en el 2015 y las propuestas hasta el 2030.

Un hecho axiomático, es que la construcción de la sociedad de la información como nuevo tipo de organización social, parte en principio, de una explícita estrategia de informatización nacional que privilegia y centra lo social. Y que sólo se realiza progresiva y evolutivamente en el tiempo, y dependerá de las condiciones y/o visión socioeconómica, sociopolítica, sociocultural y sociotécnica, en conjunto, del país que se disponga a alcanzar tal proyecto y/o modelo geopolítico de comienzos de siglo veintiuno, bajo los principios humanos de solidaridad, armonía humano-social, y compatibilidad, en nodos regionales de confraternidad y hermandad entre los pueblos. Una sociedad bajo la conformidad de estos cuatro ejes dimensionales; balanceada, justa y equilibrada, debe ser una sociedad más igualitaria e incluyente, al servicio de todos sus ciudadanos.

Acaece entonces, un entrampamiento, entre la utopía y la realidad.

Es así que la sociedad contemporánea, entendida como la sociedad de la información en general, es una pluralidad de realidades societales construidas, y que se construyen asimismo, con su propio modelo de diferenciación e interpretación de rasgos evolutivos socioculturales y transformaciones tecno-particulares. En todo caso, se apuesta por un modelo de desarrollo futuro de la sociedad, en condiciones superiores de humanización que avistamos a tiempo y destino como una sociedad híper-humana, con equilibrio materia-espiritual, y en armonía con la relación inteligencia-energía-organización sociohumana. Si bien, esta es la utopía de la humanidad.

Aunque este modelo, en sí mismo, no engendra la auto solución de los problemas existenciales de la humanidad, pero que de alguna manera, la dispara autopoieticamente, hacia un nivel superior de sociedad del conocimiento, que prevenimos, será una "Sociedad híper-humana", por cuanto el desarrollo científico y tecnológico que ha marcado la pauta del mundo en el último siglo y comienzo de este, seguirá su camino ascendente en espiral. En todo caso siempre está presente la metáfora Schumpeteriana: la construcción destructiva, o lo que es lo mismo, la destrucción creativa que puede resultar, deseadamente posible para bien de la humanidad, o temerariamente irreversible para el planeta y todo lo que ello conlleva, más allá de un apocalipsis bíblico. Y esto va, para todas las sociedades sin distinción.

De tal modo que el devenir que aguarda, será la sociedad de la unidad humana, o de la destrucción-fragmentada de la humanidad, dada la vorágine consumista que ha desplegado el hombre y la lucha por el poder y control, aunado a la devoción al ego, al individualismo, el culto a la personalidad y los rituales de lo aparente, y la falta de voluntad ética-moral; al extraviarse los valores de solidaridad, justicia e igualdad humano-social a todos los niveles, incluida la vida cotidiana en todas sus dimensiones.

El futuro se presenta muy incierto. Con esto no se quiere pecar de nihilista-extremo, por cuanto se considera que la esperanza siempre va a estar al final del camino, ya que siempre hay tiempo para rectificar. Con tal de que no sea demasiado tarde. Por lo tanto, auguro por ahora que el mundo no se destruirá, pero si habrá tensiones y colapsos, en momentos importantes del porvenir que someterá a examen, la peripecia de la sociedad mundial. Entonces, será la sociedad humana, quien acelere o retarde tal condición, propia de la autopoiesis del sistema de autoorganización de la naturaleza piramidal bio-física-química-energética.

De pronto, apologéticamente, mirando hacia la SI del futuro de manera visionaria, sabemos que este modelo de sociedad tiene un proceso de cincuenta (50) años consumados. Los últimos treinta (30) del siglo pasado y los primeros veinte (20) que van de este siglo, augurándose como una gran apuesta como la computopía masudiana que supone se consolidara para el año 2050. Lo que significa alcanzara su desarrollo en treinta (30) años. El asunto está de qué manera y bajo qué supuestos y ejecuciones. A costa de que y/o quiénes?

En los actuales momentos, la pandemia (COVID 19) que se convirtió en mundial, gracias a la globalización, y creada artificialmente por hombres para hombres, es apenas el inicio de lo que se avecina, negativamente. ¿Es un ensayo? ¿Es apenas un intento por reducir la población mundial? ¿Por el dominio, control y sometimiento mundial? Son supuestos hipotéticamente hablando que el futuro no muy lejano develara, en los siguiente treinta (30) años, dentro de un escenario de antes y después del virus que algunos clasificaran.

El mundo que se avecina dentro de la supuesta cuarta revolución industrial, es de la biotecnología y nanotecnología, la computación cuántica y paralela, la inteligencia artificial, la robótica, etc. Pero también, del bioterrorismo y seudo-biohumanismo artificial, los proyectos plasmáticos y de control mental, ya encausados, así como la materia 3x y la nueva energía solar y éter(ia) e inmaterial, sónica y más. Dirigiéndose hacia la quinta revolución industrial y más clasificaciones por llegar.

Pantallas 3D holográficas, realidad virtual-aumentada-holográfica, droga virtual inmersiva, medicina físico-electro-magnética regeneradora, carros voladores autosuficientes, edificaciones flotantes (en el aire), ropa sintética única y protectora-tipo uniforme, comidas energética sintética, cuerpos-partes-funda nueva a la medida, hombre-bionico, bioenergía físico-molecular, armas de control mental y emocional, híper-humanos-zombis, organizaciones-empresas-negocios-virtual, política tecno-global, gobierno-tecno-virtual-mundial, economía tecno-virtual única, cultura tecno-total-no presencial, información-conocimiento-virtual, vida-holografía-virtual, casa-hogar físico-virtual, vigilancia-seguridad mundial-local-telemática-aéreo-espacial, identidad-nanochips inoculado-impuesto, Internet-matrix inteligente mundial-local, variante del seudo-mundo feliz de

Huxley, y supuestos contactos extraterrestre de algún tipo, y más...

Pero ojo, será un sociedad en dos tiempos, los de las nubes (flotantes) y los terrestres supervivientes, contaminados, infrahumanos y mutantes... Haciendo un poco más de ciencia ficción por ahora... La modelada sociedad del futuro... En trecientos años, la ciudad del futuro, será la sociedad de los "supersónicos" con, "robotina", "transformer" y más...

Por lo pronto, deparamos estas dudas a los otros y cerramos con un apotegma: *"Después de todo, si no hay nada nuevo bajo el sol, ¿por qué molestarse en tratar de investigar, pensar, escribir y leer sobre ello?"* Manuel Castells.

REFERENCIAS TRATADAS

Aguadero F., F. (1997). *La Sociedad de la Información: Vivir en el Siglo XX*. España: Acento.

ALADI. (2005, Julio 3). *La brecha digital y sus repercusiones en los países miembros de la ALADI*. Secretaría General de la Asociación Latinoamericana de Integración. ALADI/SEC/Estudio 157. Rev. 1. 30 de julio de 2003. [Documento en línea] Disponible en: http://www.aladi.org/nsfaladi/estudios.nsf/157rev1.pdf y http://www.aladi.org/nsfaladi/estudios.nsf/inicio2004

Annan, K. (2003, abril 27). *Nosotros los pueblos: la función de las Naciones Unidas en el siglo XXI*. 3 de abril del 2000. [Documento en línea] Disponible en http://www.un.org/spanish/milenio/sg/report/

Asociación de Empresas de Electrónica, Tecnologías de información y Telecomunicaciones de España. (2005, Julio 04). *Métrica de la sociedad de la información del 2004*. AETIC. [Documento en línea] Disponible en: http://www.campus-oei.org/salactsi

Ayala, J. J. (2002, Enero 28). *Sociedad de la información y desarrollo: América Latina, Informe Final*. Comisión Europea. Junio 2000. [Documento en línea] Disponible en: http://europa.eu.int/comm/external_relations/info_soc_dev/doc/latin_america_es.pdf.

Bangemann, M. (2005, Marzo 15). *Europa y la Sociedad Global de la Información: recomendaciones al Consejo Europeo*. 1994.
[Documento en línea] Disponible en:
(http://europa.eu.int/ISPO/infosoc/backg/bangeman.html, en http://www2.echo.lu/eudocs/en/bangemann.html, del 2000, en

http://www.itu.int/itudoc/itu-d/wtdc98/doc/199-es.html, del 2000

Barros V., O. (1998). *Tecnologías de la Información y su uso en Gestión*. Chile: McGraw-Hill Interamericana.

Beck, U. (1998). *¿Qué es la Globalización?: Falacias del Globalismo, respuestas a la Globalización*. España: Paidós Ibérica.

Beck, U. (2002). *La sociedad del riesgo global*. España: Siglo veintiuno.

Bridges.org. (2005, Agosto 31). *E-readiness Assessment Tools Comparison 28 February 2005 (updated)*. Spanning the international digital divide. [Documento en línea]. Disponible en: http://www.bridges.org

Burelli V., C. J. (2002). *Aspectos Ideológicos de la Globalización*. Caracas, Universidad Central de Venezuela. Ediciones de la Biblioteca-EBUC.

Canel, M. j. (1999). *Comunicación política: técnicas y estrategias para la sociedad de la información*. España: Tecnos.

Capra, F. (1998). *La trama de la vida*. Barcelona, España: Anagrama.

Castells, M. (1999). *La Era de la Información: Economía, Sociedad y Cultura*. (Volumen I: La Sociedad Red). España: Siglo Veintiuno.

---------------- (2000). *La Era de la Información: Economía, Sociedad y Cultura*. (Volumen II: El Poder de la Identidad). España: Siglo Veintiuno.

---------------- (2000a). *La Era de la Información: Economía, Sociedad y Cultura*. (Volumen III: Fin de Milenio). España: Siglo Veintiuno.

Castells, M. y Himanen, P. (2002). *El Estado del bienestar y la sociedad de la información: el modelo finlandés.* España: Alianza Editorial.

Cebrián, J. L. (1998). *La red*. España: Santillana, S.A.

CEPAL. (2005). *Indicadores claves de las tecnologías de la información y de las comunicaciones: partnership para la medición de las TIC para el desarrollo*. Publicación de las Naciones Unidas. LC/W.34. Noviembre del 2005. [Documento en línea]. Disponible en:
http:\\new.unctad.org/upload/docs/Core ICT Indicators_Esp.pdf

Checkland, P. (1997*). Pensamiento de sistemas: práctica de sistemas*. (1ra. Ed. en español). México: Limusa.

Chereguini, E., Moreno, A., y Álvarez, M. (2005, Octubre 24). *Siete pilares temáticos para potenciar una Sociedad de la Información para tod@s*. En Sociedad de la Información en el siglo XXI: un requisito para el desarrollo II, reflexiones y conocimiento compartido. 2005. [Documento en línea]. Disponible en:
http:\www.desarrollosi.org/volumen2/web/PDF/resumen_ejec utivo_vs.pdf, en http:\www.slideshare.net/isidreb/sociedad-de-la-Información-en-el-siglo XXI-reflexiones-y-conocimiento-compartido.

Choo, C. W. (1999). *La organización inteligente: el empleo de la información para dar significado, crear conocimiento y tomar decisiones*. México: Oxford México.

Clinton, B. (2005, Marzo 13). *Technology for America's Economic Growth*. 1993. [Documento en línea] Disponible en:

http://simr02.si.ehu.es/DOCS/nearnet.gnn.com/mag/10_93/articles/clinton/clinton.tech.html

Comisión Europea. (2005, Mayo 24). *G7-G8 Summit in Okinawa*. Japan, 21-23 July 2000. [Documento en línea] Disponible en: http://ec.europa.eu/external_relations/index.htm, y en http://www.g7.utoronto.ca/summit/2000okinawa/index.htm

Comisión Europea. (2003, Abril 27). *Libro Verde sobre la Convergencia de los Sectores de Telecomunicaciones, Medios de Comunicación y Tecnologías de la Información y sobre sus Consecuencias para la Reglamentación*. 3 de diciembre de 1997. [Documento en línea]. Disponible en: http://europa.eu.int/ISPO/convergencegp/97623es.pdf

Comisión Europea. (2003, Abril 27). *Libro Verde: Vivir y Trabajar en la Sociedad de la Información. Prioridad para las Personas*. 22 de julio de 1996. [Documento en línea] Disponible en:
http://www.gencat.es/csi/pdf/cas/soc_info/otros/Vivir_SI_GP.pdf

Comisión europea. (2007, Marzo 30*). Europa en marcha hacia la Sociedad Global de la Información: plan de actuación*. Comunicación al Consejo, al Parlamento Europeo, Comité Económico y Social, y al Comité de las Regiones, julio de 1994.
[Documento en línea] Disponible en:
http://
europa.eu.int/ISPO/docs/htmlgenerated/i_COM(94)347final.html#TOP),

Comisión europea. (2007, Marzo 30). *eEurope: una sociedad de la información para todos*. Comunicación, de 8 de diciembre de 1999, relativa a una iniciativa de la Comisión para el Consejo Europeo extraordinario de Lisboa de 23 y 24 de marzo de 2000: [COM (1999) 687 - no publicada en el

Diario Oficial]. [Documento en línea] Disponible en: http://europa.eu/scadplus/leg/es/lvb/l24221.htm

Comisión europea. (2007, Marzo 30). *eEurope 2002: impacto y prioridades*. Comunicación preparada para el Consejo Europeo de Estocolmo el 23 y 24 de marzo de 2001 [COM (2001) 140 final - sin publicar en el Diario Oficial]. [Documento en línea] Disponible en: http://europa.eu/scadplus/leg/es/lvb/l24226a.htm

Comisión europea. (2007, Marzo 30). *Plan de acción eEurope 2005: una sociedad de la información para todos*. Comunicación de la Comisión, de 28 mayo 2002, al Consejo, al Parlamento Europeo, al Comité Económico y Social Europeo y al Comité de las Regiones. [Comunicación COM (2002) 263 final - no publicada en el Diario Oficial]. [Documento en línea] Disponible en: http://europa.eu/scadplus/leg/es/lvb/l24226.htm

Comisión europea. (2007, Marzo 30). *i2010: Una sociedad de la información europea para el crecimiento y el empleo*. Comunicación de la Comisión, de 1 de junio de 2005, al Consejo, Parlamento Europeo, Comité Económico y Social Europeo y al Comité de las Regiones. [COM (2005) 229 final - no publicada en el Diario Oficial]. [Documento en línea] Disponible en: http://europa.eu/scadplus/leg/es/cha/c11328.htm

Comisión europea. (2007, Mayo 1). *Hacia la Europa basada en el conocimiento: la unión europea y la sociedad basada en el conocimiento*. 2003. [Documento en línea] Disponible en: http://ec.europa.eu/publications/booklets/move/36/es.pdf

Comisión europea. (2020, agosto 1). *Europa 2020: una estrategia para un crecimiento inteligente, sostenible e integrador*. Comunicación de la Comisión, de 3 de marzo de 2010. Bruselas. COM (2010) 2020. [Documento en línea] Disponible en:

https://eapn.es/ARCHIVO/documentos/documentos/478_Europa2020_100303.pdf

Cornella, A. (2000). *Infonomía.com: la empresa es información*. Barcelona, España: Ediciones Deusto.

Cornella, A. (2002, Enero 12). *La Infoestructura: un concepto esencial en la sociedad de la información*. [Documento en línea] Disponible en: http:/www.Infonomics.net/cornella/ainfost.pdf.es.

Delors, J. (2003, Enero 15). *Crecimiento, competitividad y el empleo: retos y pistas para entrar en el siglo XXI*. 1993. Libro Blanco. Comisión Europea.
[Documento en línea] Disponible en:
http://
http://europa.eu.int/en/record/white/c93700/contents.html

Dennis, E. E. y et al. (1996). *La sociedad de la información: amenazas y oportunidades*. España: editorial Complutense.

Drucker, P. (1994). *La sociedad post capitalista*. Colombia: Norma editores.

Echeverría, R. (2000). *La empresa emergente: la confianza y los desafíos de la transformación*. Argentina: Granica.

Economist Intelligence Unit (EIU). (2010, agosto 15). *Digital economy rankings 2010: beyond e-readiness*. [Documento en línea] Disponible en
graphics.eiu.com/upload/EIU_Digital_economy_rankings_2010_FINAL_WEB.pdf

Economist Intelligence Unit (EIU). (2007, Septiembre 4). *e-Readiness rankings 2006*. [Documento en línea] Disponible en: http://www.eiu.com, y globaltechforum.eiu.com

ELAC. (2005, Julio 3). *Plan de Acción eLAC 2007: plan de acción sobre la sociedad de la información de América Latina y el Caribe.* 2005. [Documento en línea] Disponible en: http://www.cepall.org/socinfo/elac

Fundación Auna (2003): *España 2003: informe anual sobre el desarrollo de la Sociedad de la Información en España.* Madrid, España: Ed. Fundación Auna.

Fundación AUNA. (2005). *La nueva geografía y las cifras de la sociedad de la información: ciudades digitales Iberoamericanas: análisis de las Web de las principales capitales.* Observatorio de la sociedad de la información. Ana Torrejón, agosto del 2005. [Documento en línea] Disponible www.fundacionauna.com/areas/28_observatorio/pdfs/8_spc.pdf

Fundación Retevisión. (2001). *España 2001: Informe anual sobre el desarrollo de la sociedad de la información en España.* España: Fundación Retevisión.

García P., F. y Chamorro A., F. y Molina L., J. M. (2000). *Informática de Gestión y Sistemas de Información.* España: McGraw-Hill/Interamericana.

Giddens, A. (1998). *La constitución de la sociedad: bases para la teoría de la estructuración.* Buenos aires, Argentina: Amorrortu Editores.

Gil E., M. (1999). *Dirigir y organizar en la sociedad de la información.* España: Pirámide.

Global Technology Forum. (2005, Agosto 9). *E-readiness divide narrows.* [Documento en línea] Disponible en: http://globaltechforum.eiu.com/index.asp

Gore, A. (2005, Enero 28). *Principios Fundamentales de la Construcción de una Sociedad de Información.* Vicepresidente de los Estados Unidos. Publicaciones Electrónicas de USIS, Vol. 1, No. 12, septiembre de 1996.

[Documento en línea] Disponible en: http:\\www.usinfo.state.gov/journals/itgic/0996/ijgs/ijgs0996.html

Government of United State. (2005, Enero 28). *Information Infrastructure Task Force.* (IITF). 1993. [Documento en línea] Disponible en: http://iitf.doc.gov/

Government of United State. (2005, Enero 28). *Infraestructura Global de Información.* 1993. [Documento en línea] Disponible en www.gii.org)

Guy, J., et. al. (2003, Junio 24). *La convergencia entre telecomunicaciones y audiovisual: Por una renovación de perspectivas.* [Documento en línea] Disponible en: HTTP:/www.campusred.net/telos/anteriores/num_034/cuaderno_central.html

Herrera S., R. (2004, Mayo 20). *La Informatización de la Sociedad: un reto para la educación cubana.* [Documento en línea]. Disponible en:
http://www.somece.org.mx/memorias/2000/docs/453.DOC

Hesselbein, F. y et al. (comp). (1999). *La comunidad del futuro.* España: Granica.

Ianni, O. (1996). *Teorías de la Globalización.* México: Siglo XXI.

IDC World Times. (2005, Agosto 12). *Information Society Index (ISI).* 2005. [Documento en línea] Disponible en: http://www.idc.com/groups/isi/main.html

IMD world competitiveness center (2019). *Imd world digital competitiveness rankings 2019.* [Documento en línea] Disponible en: https://www.imd.org/wcc/world-competitiveness-center-rankings/world-digital-competitiveness-rankings-2019/

Instituto Cajamar. (2005, Enero 7). *Análisis Sectorial La sociedad de la información en España: el riesgo de brecha digital*. Boletín Económico Financiero Cajamar. Suplemento n° 18, Año VI. Número 18 Abril 2004. [Documento en línea] Disponible en: http://www.instituto.cajamar.es/boletin

Joyanes A., L. (1997). *Cibersociedad. Los retos sociales ante un nuevo mundo digital*. España: McGraw-Hill/ Interamericana de España.

Kast, F. y Rosenzweig, J. E. (1989). *Administración en las Organizaciones: Enfoque de Sistemas y de Contingencias*. (2da. ed. español). México: Mcgraw-Hill/interamericana de México.

Katz, J. y Hilbert, M. (2004, Diciembre 1). *Los caminos hacia una sociedad de la información en América Latina y el Caribe*. Comisión Económica para América Latina y el Caribe (CEPAL), Santiago de Chile, julio de 2003. Libro de la CEPAL n° 72 lcg2195e2 PDF. [Documento en línea]. Disponible en: http:/www.eclac.cl/publicaciones.

Lasagna, M. (2002, Febrero 13). *Gobernabilidad y Desarrollo Humano: una nueva aproximación al desarrollo*. Instituto Internacional de Gobernabilidad. [Documento en línea] Disponible en: http::/www.iigov.org.

Levi C., S. y Alayon M., R. (2002). *Miradas y Paradojas de la Globalización*. Caracas: Banco Central de Venezuela.

Lucas M., A. (2000). *La nueva sociedad de la información: una perspectiva desde Silicon Valley*. Madrid: Trotta.

Lugones, G. et. al. (2005, Septiembre 5). *Indicadores de la Sociedad del Conocimiento: aspectos conceptuales y metodológicos*. Centro de Estudios sobre Ciencias, Desarrollo y Educación Superior. Documento de trabajo de

Internet, n° 2. [Documento en línea] Disponible en: http:/www.centroredes.org.ar

Luhmann, N. (1990). *Sociedad y sistemas: la ambición de la teoría.* España: Paidós.

------------------ (1998). *Complejidad y modernidad: de la unidad a la diferencia.* Madrid: Trotta.

Marqués, P. (2005, Agosto 15). *La Cultura Tecnológica en la Sociedad de la Información.* Departamento de Pedagogía Aplicada, Facultad de Educación, UAB. España. [Documento en línea] Disponible en: http//dewey.uab.es/pmarques

Martin, J. (1981). *Telematic Society: a challenger for tomorrow.* USA: Prentice-Hall.

Martínez M., M. (1997). *El paradigma emergente: hacia una nueva teoría de la racionalidad científica.* México: Trillas.

----------------------. (1999). *La nueva ciencia: su desafío, lógica y método.* México: Trillas.

Masuda, Y. (1984). *La sociedad informatizada como sociedad post industrial.* España: Tecnos/Fundesco.

Mattelart, A. (2002). *Historia de la sociedad de la información.* España: Paidós Ibérica.

Menezes, C. (2002, Enero 20). *Desarrollo de la Sociedad de la Información en América Latina y el Caribe.* Consejero Regional, División de la Sociedad de la Información, UNESCO-Montevideo. [Documento en línea] Disponible en: http://www.unesco.org.uy

Microsoft Corporation. (2006). *Enciclopedia® Microsoft® Encarta 2006.* © 1993-2006.

Ministerio de Ciencias y Tecnología de España. (2005, Julio 04). *La Sociedad de la Información en el siglo XXI: un requisito para el desarrollo. Buenas prácticas y lecciones aprendidas*. Auspiciado por el Ministerio de Ciencia y Tecnología de España y la colaboración de ENRED Consultores S.L. 2003. [Documento en línea] Disponible en: http://www.desarrollosi.org, y http://www.itu.int/wsis/stocktaking/docs/activities/1103547250 /sociedad-informacion-sigloxxi-es.pdf

Ministerio de Ciencias y Tecnología de Portugal. (2001, Diciembre 12). *Libro Verde*. Comisión de la Sociedad de la Información de Portugal. Aprobado por el Consejo de Ministros de Portugal en abril de 1997. [Documento en línea] Disponible en: http://www.missao-si.mct.pt/

Minges, M., et. al. (2007, Agosto 31). *Informe sobre el desarrollo mundial de las telecomunicaciones 2003: indicadores de acceso para la sociedad de la información*. Resumen de conclusiones. Unión Internacional de Telecomunicaciones (UIT). 2003. [Documento en línea] Disponible en: http://www.itu.int/ict.

Morin, E. (1998). *Introducción al pensamiento complejo*. España: Gedisa.

Municipio San Martín de los Andes en Argentina. (2005, Mayo 11). *Ciudad digital: ¿Qué es la Sociedad de la Información?*. Argentina. [Documento en línea] Disponible en: http://municipio.smandes.gov.ar/ciudaddigital/index_nuestro. php

Murdick, R. G. y Munson J. C. (1988*). Sistemas de Información Administrativa*. (2da. Ed.). México: Prentice Hall Hispanoamericana.

Negroponte, N. (2000). *El Mundo Digital*. España: Ediciones B.

Nora, S. y Minc, A. (1992). *La Informatización de la Sociedad*. México: FCE. (1ra. Reimpresión, 1ra. Ed. 1981)

Nuñez, O. (2007). *Informatización y Gestión de Información en la Sociedad de la Información*. Caracas: Fondo Editorial IPASME.

Organización de las Naciones Unidas. (2007, Enero 5*). Objetivos de desarrollo del milenio de la ONU*. Naciones Unidas, 2000. [Documento en línea] Disponible en: www.un.org/spanish/millenniumgoals/index.html.

Organización para la Cooperación Económica y Desarrollo (OCDE). (2006, Julio 5). *Estadísticas de patentes solicitadas y concedidas*. [Documento en línea] Disponible en: http://www.oecd.org

Páez U., I. (1990). *Información para el progreso de América Latina*. Caracas: Universidad Simón Bolívar / congreso de la República.

Pastor R., G. et al. (1997). *Retos de la sociedad de la información: estudios de comunicación en honor de la Dra. María Teresa Aubach G*. España: Publicaciones Universidad pontificia Salamanca.

Piaggesi, D. (2006, Julio 5). *Estrategias y recomendaciones para el desarrollo de la Sociedad de la Información en América Latina: perspectivas del Banco Interamericano de Desarrollo*. División de Tecnología de Información para el Desarrollo (SDS/ICT). I Reunión de Ministros Iberoamericanos de Sociedad de la Información. Madrid, España, 27 y 28 de septiembre de 2001. Sala de lectura CTS+I. Organización de Estados Iberoamericanos. [Documento en línea] Disponible en: http://www.campus-oei.org/salactsi

Pimenta, C. C. (2002, enero 27). *Globalización y pobreza: gobierno progresista y la nueva sociedad de la información.* [Documento en línea] Disponible en: http:://www.clad.org.ve/elclad4.html.

Portulans Institute. (2020, agosto 1). *The network readiness index report 2019: towards a Future ready society.* [Documento en línea] Disponible en: https://networkreadinessindex.org/wp-content/uploads/2020/03/The-Network-Readiness-Index-2019-New-version-March-2020.pdf

Programa de las Naciones Unidas para el Desarrollo. (2005, Agosto 9). *Informe sobre Desarrollo Humano del PNUD, 2003.* 48 indicadores para el milenio. PNUD. [Documento en línea] Disponible en: http://millenniumindicators.un.org/unsd/mi/mi_goals.asp. http://www.undp.org/spanish

Reusser M., C. P. (2006, Julio 6). ¿Qué es la Sociedad de la Información?. Revista de Derecho Informático. Edita: Alfa-Redi, No. 061 - Agosto del 2003. ISSN 1681-5726. [Documento en línea] Disponible en: http:/www.alfa-redi.org

Rojo V., P. A. (2006, Marzo 20). *Europa y la sociedad de la información: análisis del impacto del "Informe Bangemann" sobre la política, la economía y la sociedad europea de la década de los noventa.* Revista Latina de Comunicación Social, número 53, de enero-febrero de 2003, La Laguna (Tenerife), España. [Documento en línea] Disponible en: http://www.ull.es/publicaciones/latina/200353rojo.htm

Romero, A. (2007, Abril 11). *Globalización y pobreza.* Colombia: Universidad de Nariño. Marzo de 2002. Editado por e-libro.net para su sección Libros gratis. [Documento en línea] Disponible en: http:/www.e-libro.net

SEDICE. (2004, Enero 20). *Métrica de la Sociedad de la Información. Datos 1999-2000.* Asociación Española de

Empresas de Tecnologías de la Información (SEDICE), Madrid. [Documento en línea] Disponible en: http:/www.campus-oei.org/salactsi

Sierra F., R. (2002, Febrero 13). *Mahbub ul Haq pensador del desarrollo humano.* Instituto Internacional de Gobernabilidad. [Documento en línea] Disponible en: http::/www.iigov.org.

Sotelo, C. (2005, Agosto 9). *Referencias internacionales.* Capítulo 1. Mesa1: Infraestructura. CODESI. 2004. [Documento en línea] Disponible en: http://www.codesi.gob.pe/pdf

Steyart, J y Gould, N. (1998, Mayo 25). *La sociedad de la información: ¿concepto o quimera?.* 1997. [Documento en línea] Disponible en: http::/www.fanzas.cl/sociedad/foro_1.html.

Stilkind, J. (2002, febrero 2). *La revolución electrónica y los países en desarrollo.* Entrevista a Peter Knight, jefe del Centro de Medios Electrónicos del Banco Mundial. Publicaciones Electrónicas de USIS, Vol. 1, No. 12, septiembre de 1996. [Documento en línea] Disponible en: http://usinfo.state.gov/journals/itgic/0996/ijgs/spancom1.htm

Telefónica de España. (2006, julio 5). *La Sociedad de la Información en España 2002: perspectiva 2002-2005.* [Documento en línea] Disponible en: http::/www.telefonica.es/sociedaddelainformacion

Telefónica de España. (2006, julio 5). *La Sociedad de la Información en Europa 2002: perspectiva 2002-2005.* [Documento en línea] Disponible en: http://www.telefonica.es/sociedaddelainformacion

----------------------------. (2006, julio 5). *La Sociedad de la Información en Argentina 2003: perspectivas 2004-2006.*

[Documento en línea] Disponible en: http://www.telefonica.es/sociedaddelainformacion

---------------------------. (2006, julio 5). *La Sociedad de la Información en Perú 2002: perspectivas 2003-2005.* [Documento en línea] Disponible en: http://www.telefonica.es/sociedaddelainformacion

---------------------------. (2006, julio 5). *La Sociedad de la Información en Brasil 2002: perspectivas 2003-2005.* [Documento en línea] Disponible en: http://www.telefonica.es/sociedaddelainformacion

---------------------------. (2006, julio 5). *La Sociedad de la Información en Chile 2004: perspectivas 2005-2007.* [Documento en línea] Disponible en: http://www.telefonica.es/sociedaddelainformacion

Terceiro, J. B. y Matías, G. (2001). *Digitalismo: el nuevo horizonte sociocultural*. España: grupo Santillana.

The Economist Intelligence Unit. (2005, Agosto 4). *E-Business Readiness Rankings*. Report EIU. [Documento en línea] Disponible en: http://graphics.eiu.com/files/ad_pdfs/eReady_2003.pdf
http://www-5.ibm.com/at/pdf/table_e-readiness.pdf
http://graphics.eiu.com

Toffler, A. y Toffler, H. (1980). *La Tercera Ola.* Colombia: Plaza y Janés Editores, S. A. [Documento en línea] Disponible en: http://www.e-libro.net

Trejo, R. (2002, Enero 28). *Vivir ir en la Sociedad de la Información: Orden global y dimensiones locales en el universo digital.* [Documento en línea] Disponible en: http://www.campus-oei.org/revistactsi/numero1/trejo.htm

-------------------------------- (2002, Enero 28). *La nueva alfombra mágica. Usos y mitos de Internet, la red de redes.*

Fundesco, Madrid, 1996, 276 pp. [Documento en línea] Disponible en:
http://www.etcetera.com.mx/LIBRO/ALFOMBRA.HTM
http://www.etcetera.com.mx/libro/uno/comp1.htm

Unión Internacional de Telecomunicaciones. (2006, Octubre 24). *Cumbre Mundial sobre la Sociedad de la Información: documentos Finales.* Ginebra 2003 – Túnez 2005. Diciembre de 2005. [Documento en línea] Disponible en: http://www.itu.int/wsis/

Unión Internacional de Telecomunicaciones. (2006, Diciembre 13). *Digital Oportunity Index: World Information Society Report 2006.* [Documento en línea] Disponible en: http://www.itu.int/osg/spu/publications/worldinformationsociety/2006/report.html

Unión Internacional de Telecomunicaciones. (2006, Diciembre 13). *The Building Digital Bridges Report*: *The Executive Summary of the Report.* Preparado para la fase de Túnez de la World Summit on the Information Society, Noviembre 2005. Distribuido en el 2006. [Documento en línea] Disponible en: http://www.itu.int/digitalbridges/.

---. (2005, Agosto 4). *Informe sobre el desarrollo mundial de las telecomunicaciones.* Indicadores de acceso para la sociedad de la información. Resumen de Conclusiones. Diciembre de 2003. [Documento en línea] Disponible en: http://www.iut.com

---. (2005, Agosto 4). *Digital Access Index (DAI).* 2003. [Documento en línea] Disponible en:
http://www.itu.int/newsarchive/press_releases/2003/30.html

---. (2005, Agosto 4). *Networked Readiness Index (NRI) in the Global*

Information Technology Report. [Documento en línea] Disponible en: http://www.weforum.org/site/homepublic.nsf/Content/Global+Competitiveness+Programme%5

--. (2005, Agosto 4). *Information and Communication Indicators*. UIT. (2002a). [Documento en línea] Disponible en: (http://www.itu.int/ITU-D/ict/index.html).

--. (2020, Agosto 1). *Final WSIS targets review: achievements, challenges and the way forward*. ITU. (2014). [Documento en línea] Disponible en: https: //www.itu.int/en/ITU-D/Statistics/Documents/publications/wsisreview2014/WSIS2014_review.pdf

--. (2020, Agosto 1). *Measuring the Information Society Report Volume 1 2017*. ITU. (2017). [Documento en línea] Disponible en: //www.itu.int/en/ITU-D/statistics/Pages/publications/mis2017.aspx

UNCTAD. (2020). *Fifteen years since the world summit on the information society*. UNITED NATIONS. Genova. 2020. [Documento en línea] Disponible en: un.org/publications

United States Department of Commerce. (2001). *Falling Through the Net IV: Towards Digital Inclusion*. USDOC. [Documento en línea] Disponible en: http://www.esa.doc.gov.

---. (2005, Agosto 4). *The Emerging Digital Economy 2*. 1999 [Documento en línea] Disponible en: (http://www.ecommerce.gov).

Webster, F. (1995). *Theories of the information society*. Londres/New York : Routlege.

World Information Technology and Service Alliance. (2005, Agosto 4). *ICT at a Glance*. WITSA. (2002a). [Documento en línea] Disponible en: http://www.unicttaskforce.org/globaldatabase/database.asp

--. (2005, Agosto 4). *Public Policy Report. (2002b)*. Febrero. [Documento en línea] Disponible en http://www.unicttaskforce.org/globaldatabase/database.asp

World Bank. (2006, Julio 5). *Doing Business in 2005*. Publicación conjunta del Banco Mundial, la Corporación Financiera Internacional y Oxford University Press. [Documento en línea] Disponible en: http://www.worldbank.org

World Economic Forum. (2020, agosto 1). *Global Competitiveness Report 2019*. [Documento en línea] Disponible en: http://www3.weforum.org/docs/WEF_TheGlobalCompetitivenessReport2019.pdf

World Economic Forum. (2007, diciembre 13). *Global Competitiveness Report 2006-2007*. [Documento en línea] Disponible en: http://www.weforum.org/pdf/Global_Competitiveness_Reports/Reports/gcr_2006/gcr2006_rankings.pdf

World Economic Forum. (2005, Júlio 7). *The Global Information Technology Report, 2004-2005*. WEF. [Documento en línea] Disponible en: http://www.weforum.org y www.mait.com

www.ingramcontent.com/pod-product-compliance
Lightning Source LLC
Chambersburg PA
CBHW071350210526
45465CB00001B/46